阅美文化

悦 读 阅 美 · 生 活 更 美

女性生活时尚阅读品牌

□ 宁静　□ 丰富　□ 独立　□ 光彩照人　□ 慢养育

女人50+

珍藏版

50+女人的心灵能量

金韵蓉 著

漓江出版社
桂林

推荐序

感谢岁月的拿走与给予

李静

著名主持人

金老师的《女人50⁺》要出版了，我准备多买几本送人，而且我准备送的都是40来岁的人。为什么呢？因为40岁是一个对50岁充满疑惑、略带小恐惧的年龄，似乎觉得作为一个女人，到了50岁，不忙了，也许不美了，也许对很多事情失去了冲动，也许比这些更多！

我记得自己20多岁的时候，有一次带着导演开会，会上一个小女孩说：我早上采访了一个30多岁的老女人！说者无意，但我还有一个月就30

岁了，那场策划会我后来开得心烦意乱，情绪低落，感觉自己马上就跟“老女人”挂上钩了。

一晃我就要 50 岁了！我却感到前所未有的自信、淡定、精力充沛，甚至好奇心是以前的几倍，除了体重比以前重了 10 斤，我感觉我的内心仍然停驻在 20 多岁。

上周，在我 17 岁女儿的唆使下，我俩看了韩国版以及中国版翻拍的电影《重返 20 岁》。影片讲述了一个厉害的婆婆因为跟儿子儿媳妇闹矛盾，走进了一家青春照相馆，出来后，神奇般地变成了 20 岁的模样，然后发生了一系列的故事。两部电影我都没看到结尾就被叫走了，我不知道，主人公是留在了 20 岁，还是回到了现实，跟那个一直追求她、想跟她结婚的老头儿安享晚年了呢？

50 岁后所面临的，我想金老师是深有感悟的！在我心目中，她平静、优雅、善解人意，永远让我觉得如沐春风。我想金老师一定不是因为一切顺利而淡定，而是因为她特殊的身份。作为一名心理学家，懂得从容地面对自己不同时期遇到的问题，懂得与自己对话。

有一次我问她，为什么她对我的开导那么富有哲理、那么有价值，而且一语中的呢？好崇拜！她说：你到了我这个年纪也可以！是的，岁月拿走了一些，也给予了一些。我想我会珍视这样一位好友对我的分享：对于拿走的，不纠结；对于得到的，懂得珍惜！

自序

人生 50 才开始

从某种意义来说，我的“精彩人生”真的是从 50 岁才开始的！

2006 年 1 月，我的第一本书《美丽笔记》出版。当年我 49 岁，并且在接下来的 14 年间，文思像封存多年的油田突然被打开一样，井喷式地出版了 22 本书。

2006 年 1 月，我最好的闺密李静制作主持的《美丽俏佳人》在旅游卫视开播，我作为常驻嘉宾主持人，“一炮而红”，开始被很多人知道并“喜欢”。当年我 49 岁。

2007 年 11 月，我先生毅然决然把位于天津经济技术开发区的日化工厂撤销，转型为国际贸易公司，并且放弃经营了近 30 年的进口彩妆品生意，改为单纯地进口和芳香疗法相关的精油产品，好让我能专心地去做自己喜欢的事，以作为送给我的 50 岁生日礼物。

所以，是的，我做自己喜欢的事、接触自己喜欢的人、交往自己喜欢的知心朋友，都是从大部分生活责任已尽的 50 岁才开始的。

50 岁之前的我，有近 20 年的时间做的是自己不喜欢，但却能赚足够的钱把儿子送到英国念书的工作。

从小我就很内向安静，喜欢阅读写作，梦想自己将来是个受人敬重、在法庭上雄辩滔滔的大律师或能针砭时事、笔锋犀利的新闻工作者。理想中，既有才情又有风骨的我，绝不会为五斗米折腰，一心只想心高气傲地过着内心充盈的生活。

但结了婚有了孩子之后，我的理想被束之高阁，专注的重点也在不知不觉中发生挪移。我开始注意别人家孩子拥有什么，我们家孩子需要什么；我开始思索怎么才能发挥所长赚更多的钱，好让家里的房子能越买越大；我也开始越来越能容忍自己是个满身铜臭的商人，成天在原来不屑一顾的眼影口红中打转，甚至还学会了各种护肤和化妆技巧，好让我能做个恰如其分的老板娘。（结果就是因为这段老板娘经历，让我能游刃有余地在《美丽俏佳人》节目中发挥！）

我必须坦率地承认，这段长达近20年的经历虽然有其意义和重要的价值，但绝对不是快乐的。在刚开始做生意的头5年，我们几乎天天被永远紧缺的资金压得喘不过气来，我甚至必须吃药才能缓解呼吸困难的问题。而请不起员工，只好亲自负责销售的我，每个周一的清晨都会从高雄出发，开着后座装满彩妆品的车，一路北上，在一家家已事先预约好的美容学校或美容院门前停车，卸货，示范彩妆，卖货，再装车……一直到深夜才精疲力竭地抵达台北。在姐姐家借宿一晚后，第二天清晨又一路走走停停地深夜回到高雄。（我在北京有了司机之后，有一次我们各开各的车在高速公路上，到了目的地后，司机说：金老师，您开车可真够猛的啊，我都有点跟不上了！呵呵！他不知道我这个老司机当年是怎么在高速公路上风驰电掣地抢时间的！）

今天，很多年轻孩子知道了我这段“讨生活”的经历后，问我，为什么从现在的您身上看不出曾经的辛苦和沧桑呢？为什么您看起来是这么的气定神闲呢？

我不敢说现在的自己状态如何的好，也对那些一直善意地鼓励我，告诉我“越来越美”的好心人，心怀感激。但我确实认为自己目前的生命和生活状态都处在最好的阶段，这并不是因为我已经不再需要去为孩子或为金钱操心，而是因为我告诉自己，那美好的仗我已经打过，我对自己、对孩子、对先生、对家庭俯仰无愧，所以我要开始真正为自己而活，这不是自私，是心灵的自由。

对于我越来越美的说法，我虽然谦虚地说感谢感谢，但如果我真的拿出 30 年前、20 年前的照片和现在对比，任谁都会同意我确实比年轻时“漂亮”，而漂亮之处不在于我的小眼睛变大了，或塌鼻子变挺了，而在于我笑得更加开朗灿烂，眼神里的焦躁也变得慈蔼温柔，所以即使我曾经的小细腰不见了，脸上也出现了皱纹，但整体看来还是加分的！

所以，人生的前 50 年，为了家庭，为了孩子，风里来雨里去的你，在终于可以捶捶肩、歇歇脚、喘口气的时候，打算怎么规划中场之后的生活呢？

目录 Contents

后记

优雅，是唯一不会褪色的美丽

第一章 中场之后

二十岁时，起支配作用的是意志；三十岁时，是机智；四十岁以后，是判断。

——本杰明·富兰克林

At twenty years of age, the will reigns; at thirty, the wit; and at forty, the judgment.

——Benjamin Franklin

(1706—1790)

保持年轻的五大秘诀

“二十岁时，起支配作用的是意志；三十岁时，是机智；四十岁以后，是判断。”

这是200多年前，美国独立战争的领袖、《独立宣言》的起草者本杰明·富兰克林对男人们说的话，我觉得200多年之后，这段话对现代女人而言一样富有哲理。

我曾经接受过一个在线访谈节目的采访，题目是“男人最喜欢的女孩类型是什么？”。主持人综合了几千名网友的意见，把受男人喜欢的女孩类型大致分为三个阶段：年轻时是美女，结婚后是淑女，中年以后则是才女。原因是年轻男孩都是“外貌协会”的会员，都喜欢长相美丽的女子；而结了婚以后，男人开始要求自己的妻子是出得厅堂入得厨房、能相夫教子的贤淑女子；可一旦步入中年，懂得莳花弄草、能享受琴棋书画的有才女子，就又成了中老年男子的梦中首选。

这位脸上带着些微挫败的年轻女主持人问我：是这样的吗？我们需要按照这个标准来要求自己吗？男人对女人会不会太严格了些？

我记得当时听了这个论述和她的问题之后，控制不住地哈哈大笑了起来，我回答她说：你可千万别忘了，女人也是一样严格地要求男人啊，况且这些只是男人在现实生活中受挫了之后，在想象中找个“完美”的女人来精神安慰自己一番罢了，他们的想象很有一些乌托邦的味道呢！

不过说实在话，玩笑归玩笑，男人的这番“梦话”其实也不无道理。试想，年轻女子不就是美丽的化身吗？而且这里所谓的美丽，更多的是精、气、神和意象的美，并不仅仅只是五官的美，这对年轻的女孩来说，并不是一件困难的事，况且也的确是我们必须追求的目标。

至于出得厅堂入得厨房的淑女，我倒是对具体的内容有一些不同的意见。在我的价值观中，女人应该把精力集中在自己最擅长、最具有产值，以及最需要自己亲力亲为的事情上，至于那些可以花钱请人代劳的工作，例如打扫卫生、洗衣做饭，如果经济情况许可，大可花钱请专业人士或小时工代劳。

所以，我所定义的“贤淑女子”，是那种在情绪上、心智上、处事上的贤淑，而不只是在行为上或体力上的贤淑。例如一个情绪成熟、处世圆润、通情达理、温暖芬芳的女人，是绝对要比能上山下海、一个人能做八个人事情的“能干”女人来得有趣和有吸引力得多。再说现代女人在事业上的产值能力完全不逊色于男性，如果硬要把自己弄得兵疲马困，家事国事天下事都亲力亲为，实在是大可不必。（我们的母辈们曾经说，要想抓住一个男人，就得先抓住他的胃。可现代男人要是能用一顿饱饭就抓得住的话，那就天下太平咯！）

至于中年后的“才女”，则是我所向往的境界。但是这个才，可以是多方面的，琴、棋、书、画、跳舞、唱歌、运动、旅游，都可以作为“有才”的内容。而拥有这些“才”，并不只是为了取悦男人，更重要的是，它能为自己因孩子长大离家读书或拥有自己的小家庭后所带来的失落空虚的“空巢”感填补上不同的生活色彩和兴奋点。（当然，女人如果精神和心灵饱满了，随意冲身边男人发脾气的机会自然会减少，男人的日子也就宽松幸福得多了。）

从心理学的角度来说，女性在更年期所表现出的生理问题，除了确实有荷尔蒙骤变的诱因外，不再被需要的空虚感和寂寞也是造成生理症状加重的重要原因。所以，找到一些可以填补这些空白的内容，转移心灵目光注视的焦点，不仅是对旁人的解脱，也是对自己的解脱。

另外，人，尤其是女人，到了一定的年龄之后，岁月在生理上所刻画下的痕迹是避免不了的，我自己就在年过五十之后，发现要保留容貌的新鲜度是多么需要坚持的事，而这些坚持既包含了行为上的坚持，例如勤于保养、处处留心，也包含了情绪上的坚持，因为自我安慰的松懈要比自我督促的努力容易得多。如果一旦堕入“都这么大年纪了，就这样了吧！”的想法中，身心的老化就会以迅雷不及掩耳的速度袭面而来。

许多人知道我的实际年龄之后，都会“由衷地”发出一声赞美：“哇！你看起来好年轻呀，完全不像是已经60多岁的人了！”呵呵，我很坦然地接受这些赞美，因为我也确实觉得自己不论在外貌上还是在生理上、心理上都比实际年龄要年轻得多。你想知道从来不在自己脸上添加“人工美丽”（注射肉毒杆菌、做拉皮手术等等）的我，保持年轻的秘诀吗？

1. 不节食

只要疲累地上完课或录完直播之后，我一定会畅快地大吃一顿。我和许多同样保持年轻外貌和身材的“老”女人讨论过这个问题，并且得到一致的结论：我们可不愿因为节食而让自己觉得匮乏，进而让自己感到“命苦”。所以我们会开心地吃饭，只是在进餐中注意不吃太多红肉，不吃高胆固醇和过于油腻的东西。（偶尔我还会纵容自己吃一份超大的冰激凌呢！）当然，不节食并不意味着不注意饮食的健康。我从55岁开始，晚餐就不吃任何主食，这是我保持身材的小秘诀！

2. 开怀大笑

不要害怕张着嘴大声地笑。因为这样才能让氧气更多地进入肺脏，并且把肺脏的污浊气体排放出来。而且，我们大笑时的声波频率，其中的 50% 会随着耳鼓进入身体的硬组织骨骼里，另外的 50% 会随着声带进入身体的各种软组织里，这些快乐的能量频率会告诉这些组织“我很快乐”，也会经由频率的共振，来打散郁结在组织里的负能量。另外，如果觉得开心，就大声地笑，不仅自己会觉得更快乐，周遭的人也会因此而被感染得更快乐。

3. 总是看见别人的好处

这句话听起来非常鸡汤，但请相信我，这是让自己保持快乐的法宝，也真的是我自己获得幸福感的来源。在生活中，每个人或每件事，都难免会有好和不好两个层面。已拥有因多年生活阅历而淬炼出火眼金睛的我们，一定要学习多看看、多觉察别人的好处，如果学会了这一点，别人倒不一定会因为我们的“宽厚”而得到益处，最重要的是，我们自己会因为这宽厚而获得益处——我们会觉得自己超级幸福，超级受到上天的眷顾，因为幸运的我，居然遇到的多半都是好人和好事呢！

4. 不抱怨（包含对工作和对人）

我在给年轻的孩子们讲课时总是要特别提醒这一点。请记得，我们今天之所以会在这里（某个公司、某个学校，或和某人组成家庭等等），都是出于自己在自由意志下的选择。所以，既然在自由意志下我们做了选择，那就只有一条路去实践它——全然承受，为自己的选择负所有的责任。要不然，如果我们把做了选择之后的责任硬摁在别人的头上，被动的自己就难免愤恨难平，因为我们既左右不了别人的思想行为，又会因没有得到预期的结果而受到伤害。所以，我总是问自己："金韵蓉，这是你自己衡量情势后，在自由意志下的选择吗？如果是，那就别抱怨，闭嘴，回去好好地过日子！"坦白说，这也是避免让我成为碎碎念的大娘的法宝！

5. 永不言老，享受生活

前阵子我读到了一句很棒的话，很喜欢，在这里和大家分享：

Never regret a day in your life. good days give happiness, bad days give experience, worst days give lessons, and best days give memories.

永远不要为生命中的某一天感到后悔。美好的日子带给你快乐，倒霉的日子给了你经验，最糟糕的日子给你教训，最棒的日子给了你美好的回忆。

生命既然无可避免地拥有高峰和低谷，为什么不试着怀抱赤子之心去经历它？说句心里话，我很害怕和老气横秋的人在一起，也很害怕和总是苦大仇深的人在一起，更会有意无意地回避和道貌岸然的人在一起，因为他们不懂得放松自己去经历生活、去享受当下，和他们相处总是让我觉得呼吸困难，仿佛天要塌下来一样。

所以年逾半百又怎么了？我们一样可以说话时手舞足蹈，快乐时尽情欢笑，进餐时快意享受，过日子时踏踏实实，做个积极享受当下、自在生活的熟龄美女子！

与正向的情绪共舞

2013 年元旦假期，先生和我去丹麦旅行了一段时间。丹麦的冬天没有想象中那么冷，虽然地处似乎应该严寒的北欧，但却感觉和我们所居住的英国西南方肯特郡七橡树（Sevenoaks）小镇差不了多少。

在哥本哈根玩了几天之后，我们趁着拜访有生意往来的丹麦公司之便，在回程途中走访了一个离哥本哈根火车车程仅仅一个小时的乡间小镇。小镇的规模不大，镇中心繁华街道上除了一座古老的小火车站，还有围绕着它的小餐馆、咖啡厅和两排干净整齐的商店。

我们在一家看起来“很丹麦”的小餐馆里吃了地道的“开放式”三明治之后，就开始在小镇的商店街上游走。（顺便一提，丹麦的“开放式”三明治是最能代表丹麦传统风味，也最值得一试的美食。之所以叫它“开放式”，是因为这种三明治不像一般三明治那样有上下两层，它没有“盖子”，只有下面一片面包。面包片抹上黄油，撒上蔬菜，堆上烤牛肉、烤猪肉、鲜鱼片、水晶虾仁沙拉、鱼子酱或炸鱼排，再浇上各家独门酱汁，就成了最受丹麦人欢迎的日常食物。）

我们闲逛时，看见其中一间颇为高级的男装店的橱窗上贴着圣诞和元旦节后促销的大海报。进店后发现仅仅促销一周的折扣力度很大，我于是在店里为先生和儿子各选了一件面料和剪裁都很有质感的羊绒大衣和羊毛外套。当我抱着这4件总价并不便宜的衣服走到收银台前时，发现店里唯一的年轻男店员正在招呼一对老夫妇。这对看起来像是本地人的老夫妇，正在从摆在店中央的一个最后出清的购物篮筐里选毛衣，而那位唯一的店员也带着笑容，非常亲切和有耐心地帮着他们一一详细解说和试肩宽大小。

我抱着4件衣服站在收银台前足足等了大约10分钟，其间，那位男店员只是朝我微笑地点了点头，示意请我再稍微等一会儿。就这样，我站在那里一直等到老夫妇俩最终还是没有选中喜欢的毛衣离开后，那位男店员才微笑着朝我走来，帮我结账。

回到北京后，我就这段经历写了一篇文章贴在博客上。文章里我写道：

我敢说这位“没有眼力见儿”的店员如果在国内工作就绝对是个业绩很差的导购或稀有动物，因为他完全“不势利眼”，完全“不知轻重缓急”，完全“不着急上火”。但我抱着4件总价不低的外衣站在那里对他却只有满心的尊敬，我尊敬他对每一位客人付出应有的尊敬，尊敬他对人不卑不亢的心气儿，尊敬他不急不慌的工作态度，也尊敬他对自己的尊敬。因此，那等待的10分钟于我，不是枯燥的等待，而是一幕温馨的感动。

这篇博文贴出来之后，当然收到了许多网友的回应，回应中许多网友和我有同样的感动，也向往这样美好的生活态度，但也有一些网友持截然不同的看法，他们认为这种工作态度不符合物竞天择的自然规律，这个店员注定要被厮杀如此激烈的现代社会所淘汰。对于这种看法，我虽然持保留意见，但仍然坚持认为每个人面对生活都有其自由意志下的选择，只要他对自己的选择所带来的结果全然承受，那么旁人对这些选择就既不能置喙，也无评论的余地。但是有一类评论却让我看了心里难过，并且有不得不抒发的冲动。

这一类的评论是："我也有过这种经历，那是因为外国人歧视我们中国人，所以才故意让你站在那里等……""现在我们有钱了，消费能力高了，外国人看着嫉妒，所以总是故意冷淡我们。"……我的难过并不是因为这样的论断是对是错，或这样的评论触动了我当年在国外念书时穷学生所遭遇的新仇旧恨，我的难过是因为想到当一个人在发出这样的评论时，背后所呈现的或代表的心理动因，而这种心理动因又会让一个人多么的不快乐和不开心！

就拿另一件也发生在我们这一次旅行中的美事来说。

当假期结束我们准备先返回高雄再回北京时，儿子拜托他老爸替他办一件事。几年前儿子到莫斯科出差时，在莫斯科的一间古董书店里淘到了一套一百多年前手绘的莫斯科古董地图，儿子视若珍宝，一直收藏在英国的家里。这一次他希望我们能帮他把地图裱起来，一方面可以随时欣赏，另一方面也便于收藏。因为担心这么心爱的东西放在行李箱里折坏了或弄丢了，于是儿子把它们仔细地用报纸包裹卷好，套上塑料封膜，装进画筒里，由我负责拎回北京。结果我把它们给弄丢了！

发现东西不见的时候，我们已经从荷兰的阿姆斯特丹机场转机往台北飞了好几个钟头。当我们一觉醒来先生突然惊疑地问我：地图呢？我的脑子轰然一响，顿时一片空白。接下来的几个小时，我们不断地回忆到底在哪一个转机的环节弄丢了画筒。阿姆斯特丹机场是欧洲航空交通的重要枢纽，机场的面积比北京首都机场大了不下 10 倍，向来糊涂的我有可能在任何一个地方弄丢了它，因此沮丧地明白能找回它的概率微乎其微！

我们抵达台北桃园机场之后，抱着姑且一试的心情到华航行李丢失服务柜台去问问是否可以登记遗失。柜台那位甜美的地勤工作人员非常耐心有礼地登记了我们对丢失物品的描述，其间不但没有任何诸如“够呛”“很难找回来”等消极的语言，还好心地写下她已经发了电报的单据号码和如何追踪的电话。凭良心说，我们离开华航柜台时并没有抱一丝丝的希望，只是满心感激那位美丽女孩给予我们的好心帮助。

万万没有想到的是，就在我们申报遗失还不到 24 小时之时，就接到了那位女孩的电话，她告诉我们东西找到了，已经随着航班飞回了台湾，并且准备立刻寄到我们高雄的家里。接到电话后我们失而复得的狂喜自是可想而知，于是我在微博上详细地说了这件事，并真挚地感谢阿姆斯特丹机场和华航工作人员的专业服务态度。

这则微博当然也得到了许多网友的回应，大家都很赞赏并感动于这个失而复得的美好故事，可让我意外的是在众多反应中出现了“因为你是名人，所以……”或“如果这事发生在我们这些小老百姓身上，谁会理我们呢！”之类的声音。事实上，身为在中国写过几本书、上过几次电视的平凡人，我充其量只能说拥有一些支持我的读者，根本谈不上是“名人”，更何况是在完全搭不上边的阿姆斯特丹呢！

这两个原本能温暖寒冬的美好真实故事却被“误读”，

让我的心情波动了好几天。我一直在想，当我抱着等待结账的衣服站在那里怀着感动赞美的好心情，和我抱着等待结账的衣服站在那里怀着被故意冷淡的郁闷怒气，那相同等待的10分钟，那关键的10分钟，会给自己带来什么样的结果呢？

先看看那10分钟的好心情。我的心跳平缓，呼吸顺畅，脸部肌肉柔和放松，因为微笑而嘴角略微上扬，因为感动而脸颊微微红润，这时如果有人在一旁盯着看那10分钟的我（事实上，我老公就站在一旁），一定会觉得我好娴静、好美。

再看看那生气郁闷的10分钟。我的心跳加速，呼吸因生气而急促，脸部肌肉因紧张而僵硬，我的嘴角和下颌一定绷得很紧，因此把鼻翼两旁的法令纹挤压出深深的一条沟，如果我越等越不耐烦，越想越生气，眉心就会越来越紧蹙，眼神就会越来越凌厉，如果气到最高点时再一怒之下把手里的衣服甩到收银台上，那么这时在一旁盯着看我的人，就……

这10分钟之内除了会变老变丑，还有个至关重要的事发生，那就是我们的气场也会随之而发生变化。

首先，我们要知道“情绪”是一种“能量”，每一种情绪都有它的“能量形式”。而所谓“能量形式”，是指它们会各自以特定的波长、频率和振幅来运动，而运动所产生的能量气流，就是我们常说的“气场”或时髦的词“人气指数”。所以，欢乐的情绪会产生欢乐的气场，愤怒的情绪会产生愤怒的气场，郁闷苦涩的情绪也会产生郁闷苦涩的气场。

那么这个气场会怎么影响我们呢？请先闭着眼睛想象一个场景：

你买了一张车程大约一个半小时的高铁车票准备到外地出差，这张车票没有限定座位，只要看见空位就可以坐。由于到得比较晚，你上车之后发现车厢内的两排座位上都各自坐了一个人，所以你非得坐在某个人的旁边。你站在车门进口处，用大约几秒钟的时间扫描了一下空位旁的每一个人，然后选择了一个座位坐下。好，现在请你睁开眼睛思考一下，是什么原因让你决定坐在那个人的旁边？也许是因为比较靠近车门边？也许是因为那个座位便于摆放行李？或者只单纯地因为那个人看起来比较顺眼？

是了，一定有某些时候只因为那个人看起来“比较顺眼”所以我们才选择了那个座位。那么你知道这个“比较顺眼”的结论是怎么得出来的吗？

那是因为我们不论走到哪里都会随身带着一个小雷达，这个雷达的发射和接收功率时弱时强，端看我们出现在哪个地方。如果我们出现在自己很熟悉或可以轻松掌控的环境里，例如已经工作了好多年的公司、闺密间的轻松聚会、回娘家等等，这个雷达的功率就会比较弱；可如果我们到了一个陌生或让人警惕的环境，例如高铁车厢、大型酒会、新公司、公婆家等等，这个雷达就会因紧张而马力全开，因为我们需要借助这个功率极强的雷达帮我们侦测一下，哪里有威胁，哪里有攻击性，哪里存在着阴谋，哪里是雷区。而我们的身体也会根据雷达的反馈而决定如何做出适当的反应，例如分泌肾上腺素，绷紧肌肉，释放敌意，等等。这些生理、心理、情绪的反应当然就决定了我们的能量形式，也就是气场的形式。

好了，读到这里，我想已经不需要我再絮絮叨叨地告诉你：不同的气场会给周围的人带来什么样的直觉反应，而这些直觉反应又会怎么样回过头来影响我们。所以现在，我们只需要决定是打算让身边的人在那 10 分钟之内“如沐春风”还是“如坐针毡”，是“我无法挪移凝视你的目光”，还是“天啊！我只想逃走，不想看见”？

如果你问我：那我该怎么做呢？其实挺简单的。我们只要调校一下雷达的接收方向，在遇见每一个决定正向负向的情境时，尽全力地把雷达调到能接收正向信息的角度。刚开始，已经固定僵硬的雷达调校起来可能有点吃力，但一次两次坚持下来之后，就一定能把固执僵硬的雷达给扳到正确的角度来。

其实，雷达的发送和接收角度对了，还不仅仅只是让身边的人得到好处，我们自己才是那个最大的获益者。在众多宽容良善的朋友对早已年过六十的我的评语中，“还像个孩子一样”“总是那么开心”“文字和人都让人觉得很温暖”“娴静优雅”大概是最常出现的。我自己虽然嘴里总客气地说溢美了，但私底下其实觉得这些评语都还挺到位的。我确实容易最大化他人的优点而最小化他人的缺点，确实欢喜悦纳别人对我的美意而不是质疑背后的动机，确实傻傻地相信世界上好人比坏人要多得多……

而我这些看似不符合实际年龄的天真烂漫，却让我过得很轻松、很快乐，每天都觉得自己好幸运和好幸福。所以，如果早已看尽千帆、洞悉人性的你，羡慕我，想和我一样，那就请跟着我一起不符合年龄地“缺心眼儿”和“傻乐”吧！

微笑——让自己快乐的表情

年纪越大，我发现自己对于快乐的定义就变得越来越简单！

年轻的时候，我会很矫情地给快乐下很多定义。例如：必须是有可以快乐的理由啦，必须是有独特而值得纪念的意义啦，必须是有人一起陪伴享受的啦……似乎快乐都是被提前设计和预期的。可是现在，我发现自己居然越来越好“骗”，只要远在国外的儿子打个电话给我，或写寥寥几个字的微信给我，我就能立刻快乐半天；或者更没出息的是，只要吃到好吃的东西或买到一件穿起来很好看的衣服，我也能快乐半天。有人说，这是因为我童心未泯，还像个孩子一样天真，我却明白这是对我的宽容。事实上，我不过就是个“快乐点”

很低的人，是朋友们眼中公认的有点“二”的人罢了！

从前，我对自己的“低快乐点”并不太留意，以为这就是我受到老天爷垂怜，被慷慨赐予的好性格，我的英文名字“Tammy”就是初中一年级的英语老师给我取的。老师说，Tammy 的英文发音很像中文的“甜蜜”，而我又是个爱笑的小眯眯眼和总是乐呵呵的快乐女孩儿，所以她把这个名字给了我。可是，告别我很熟悉并能充分表现的初中时代后，我渐渐地忘了曾经是我独特标志的笑容，而这个遗忘的时长，几乎是我的整个青春期的好时光。

后来，我考上了大学，认识了牵手至今的终身伴侣，结了婚，成为妈妈，又经历了一般人可能不会遇到的创业艰辛。可是，幸运的是，那个曾经被我完全遗忘了的“天赋”回来找到了我。爱笑的性格，把我从每一个生命的谷底拉了上来。我还记得在创业最苦的那几年，我依然笑点很低，而且喜欢大声地笑，有时甚至还笑出了眼泪。不过，在那些流着眼泪的爽朗笑声背后，只有我自己心里明白，除了真的好笑，还有自我拯救的坚决意志在里面。

几年前的冬天，我和几个女朋友应瑞士国家旅游局的邀请，到瑞士旅行了 14 天。旅行中，我们只乘坐大众交通工具，因此有机会在旅途中认识一些人。有一天，我们搭乘瑞士著名的“冰川快车”从位于东南方的圣莫里茨往南方的采尔马特去。在长达 8 个小时的车程中，有位年纪在 50 岁左右的瑞士女士坐在我旁边，她穿着颜色柔和的细纺花布上衣、浅玫瑰色长裤，围着绛紫色的毛披肩。在开始的两个小时里，我们只是安静地比肩坐着，我看书，她则戴着耳机看着窗外听音乐。

当快车经过被厚雪覆盖的宏伟山峦、峡谷和村舍时，我会放下手中的书往窗外眺望，同时用眼角余光偷偷欣赏邻座的她。她有着长度在下颌线上的浅褐色短发，略微蓬松但很有型地别在耳后。我不能说她美若天仙，可她有种让我神往并忍不住一看再看的迷人气质。她看起来很轻松，很喜欢微笑，每次我望向她时，她都是带着浅浅的笑容，恬适地欣赏着窗外的美景，仿佛将自己融进了壮丽和苍茫之中。而坐在她身边的我，也觉得心平气和，跟着安静和放松下来。

吃中饭时，我们聊了一个多小时。略微熟络了之后，我告诉她我的观察，并问她为什么能一直带着如此优雅美丽的微笑。听了我的赞美，她一开始有些错愕和腼腆，但仍然用带着浅浅笑意的声音回答我：因为我被窗外的美丽所感动，觉得自己必须要用笑容来回应它们，而且，我耳机里的音乐好美、好动听，所以也控制不住自己的好心情！

我问能不能给她拍张照片放在我的微博里，因为很想把她美好的微笑和美好的原因告诉中国的朋友们。她用更灿烂的笑容点头答应了我的要求，而且让我务必告诉微博的朋友们她之所以那么快乐，就在于只要遇到让她开心或感动的人或事，她就会要求自己做出积极的回应。她说，你如果练习着这么做了，日子久了就会成为自然而然的习惯，而习惯一旦养成了，简单而快乐的情绪就会一直跟着你了。

午饭后，我们又各自安静地专注在自己的书和音乐中。我想起心理学界一个很有名的实验，于是也开始扬起嘴角模仿她的微笑，并发现自己突然感到非常快乐！

进化论的提出者、大名鼎鼎的查尔斯·达尔文（Charles Darwin）是第一位提出脸部表情会影响内心情绪的心理学家。他在1872年所出版的论文中说，情绪不仅仅和脑部神经有关，和脸部表情这个外部因素也相关。囿于当时的科学实验环境，达尔文的这个理论并没有得到太多的重视，一直到100多年后的1989年，另一位心理学家罗伯特·扎荣茨（Robert Zajonc）在达尔文的理论基础上进行了许多次严谨的实验后，发表了一篇掷地有声的研究论文，这个主题才又被重新审视并重视了起来。

罗伯特·扎荣茨的实验分为了几个部分。首先他设定了两个能牵动脸部肌肉和形成表情的元音：英文字母E和U，并请受试者用尽可能长的声音分别发出这两个元音来，然后再告诉实验人员，发出不同的元音时各有什么样的情绪反应。实验的结果显示，当人们发出能牵动嘴角肌肉向外拉撑的E元音时，心情会感到快乐些；而发出必须噘着嘴才能发出的U元音时，情绪会比较低落。

另外一个相关的实验中，扎荣茨把受试者分成三组：第一组受试者只欣赏一些带着明显脸部表情的照片；第二组受试者要跟着这些照片里的表情一起做；第三组受试者不仅要跟着做表情，还要对着镜子做。实验的结果很明确：只看照片不做表情的受试者，心情没有明显的改变；跟着做了微笑表情的受试者觉得自己比较快乐；而对着镜子做微笑表情的受试者最快乐。因此实验者的研究报告说，“自觉意识”在情绪中扮演了重要的角色。也就是说，当你意识到自己在微笑时（例如，当你告诉自己要微笑时），它所带来的情绪影响会更大。

罗伯特·扎荣茨的研究结果之所以受到重视，当然是因为符合现代科学的辩证精神——通过实验，他详细地说明了脸部表情和脑部活动之间的神经机能学关系，而他的这个假设也根植于100多年前达尔文的理论，达尔文说，脸部表情不仅反映了情绪，事实上，也“形成”了情绪。

所有的神经生理学家都同意，当身体某个部位的温度改变时，那个部位的内部化学活动也会跟着改变。例如，最为大家所熟知的是，当我们感到害怕时，我们的体温会升高，心跳和脉搏会加速。扎荣茨则发现：温度比较低的脑部环境会形成比较快乐的情绪，而温度比较高的脑部环境则会形成负面的情绪。

扎荣茨发现它们之间的因果关系是：负责脑部主要供血的颈内动脉在往上泵血时必须经过一个叫海绵窦的腔室，而这个海绵窦里布满了面静脉。当一个人微笑时，面部肌肉必须紧缩才能把嘴角往外拉撑，而这紧缩的肌肉同时造成了面静脉的收缩和海绵窦里的血液量减少，当然也同时致使颈内动脉的血液量减少。当颈内动脉泵往脑部的血液量减少时，脑部的温度就会降低，人的积极情绪也就随之而来了。（是呀，我们不都总是这么形容自己完全控制不住的坏情绪：气得我全身的血液都往脑门上冲！）

其实，对于微笑的表情，我还有另一个很成功也经常实践的亲身体认，那就是它会让你看起来更年轻、更有精神，也更易于亲近。由于地心引力使然，人年纪越大，脸部线条就会越往下垂，这是人类无法逆转的事实，除非我们搬到无重力的月球上去住。我因为太爱漂亮，也太害怕自己变成凶巴巴的老太婆，所以从多年前开始，就养成了随时留意嘴角下垂并立即纠正它的“好习惯”。

每当我独自一人坐着的时候，例如在电脑前写稿、在飞机上、在地铁里、在专心听演讲时……我都会刻意地微翘着嘴角，稍微用力地把整张脸往外拉，并停留在这个动作里好几分钟。几分钟后，当我把往外拉的力度略略放松后，仍然让嘴角稍稍地上扬，做出正在微笑的表情，一直到我的注意力被其他的事情转移，然后又回到刚才的动作上。

我的这个微笑习惯让我拥有了比较“甜美的”笑容。每次课后被几十位甚至上百位的同学围着一对一地留影时，同学们总是啧啧地说为什么我的笑容看起来那么自然，而且连续笑了那么久也不见疲惫僵硬。我因此在某次生活美学的课程中，带着教室里所有的同学练习嘴角上扬，整张脸往外拉撑和微笑。那堂课后，好多同学告诉我，重复练习了几次之后，真的觉得自己年轻和精神了很多。

当然，罗伯特·扎荣茨的研究结果并不是打算告诉我们只要不断地“假装微笑”，你就会变得更幸福。他在那篇研究报告的总结里写道：

如果你不是真心地想笑，只是让嘴角上扬，并不会让你从此幸福快乐，但它确实能提醒你生活中处处有可以让你快乐的人、事和物。它既是个能转换脑部神经机制的触媒剂，也是把能开启快乐心灵的金钥匙，因此，反正也没有什么可损失的，为什么不现在就开始试试看呢？

老与不老，存乎一心

医药使人类的生命延长，但是却不等于会使人们较慢地老去，有些人七十已至却仍充满活力、精神抖擞，原因不是回春有术，而是心绪不老！

儿媳的母亲年龄比我大 1 岁，可是因为保养得当，看起来比实际年龄至少小了 10 岁。我们初次见面就很投缘，只用了大约不到 10 分钟，就把客套话给说完了。她让我不要叫她亲家母，说受不了这个词后面所代表的年龄意义，因此我们很开心地以“林小姐”和“金小姐”互称。

林小姐是位服装设计师，有自己的知名服装品牌，退休前从事了近 40 年的女装事业，曾经在全台湾有 30 多家门市直营店和 100 多个百货公司专柜。当我请教她有关熟龄女人的问题时，林小姐以她数十年和女人打交道的实战经验，提供给我很多很棒的观察心得。她说，我们就从百货公司的女装专柜来说吧。

依照惯例，百货公司的女装专柜是根据年龄来分楼层的，客群年龄层越年轻，楼层也就越低。因此百货公司的一、二楼通常是 18 ~ 25 岁的青春少女装；二、三楼是 26 ~ 45 岁的轻熟女装；三、四楼是 46 ~ 60 岁的熟女装；五、六楼则是 60 岁以上的妈妈装。以往，站柜的导购小姐们可以很准确地期待“适当年龄”的顾客上门，也知道如何适当地去引导和服务她们。可是现在，这个现象已经完全被打乱，年龄的界限也变得越来越模糊，46 ~ 60 岁的熟女装专柜常可见到 70 多岁的女士们试穿衣服，而她自己设计的针对 26 ~ 45 岁客群的品牌，导购们有时也会错愕地接待七八十岁的时髦老太太！

我对这个现象一点儿也不陌生。就拿我自己来说，虽然已经 60 多岁了，但我从来没有看过一眼适合五六十岁人穿的熟女装，那就更别提老气横秋的妈妈装了。（可是实话说，我们这些就是不服老的正牌熟龄女子，即使荷包里装满了钱，貌似底气十足，但是在试穿轻熟女的漂亮衣服时，还是不免遭受这样那样的打击，例如，衣服的版型太窄，把胃和肚子都给勒出来了；臀部设计得太紧，连衣裙才往上拉到一半，就卡在那儿动弹不了了！）

根据我自己的观察和不完全统计，我确信有至少超过60%甚至70%的中老年女子像林小姐和我一样，比实际年龄显得年轻，也愿意尽一切的努力来维持自己年轻的外貌。但我也确信有相当多的中老年女子觉得自己的人生中那个“可以精彩”的时段已经过去，即使现在勉力维持着相对年轻的外表，但逐渐老去的心还是会隐隐作痛。因此我也见过周围好些同龄女性，在短短的几年内因为“相信”自己已经老了而变得真正苍老起来。

要有“决定不老”的心绪

为了证明我“老与不老，存乎一心”的信念，我先叙述一个有趣的心理实验。

心理学家约翰·巴格（John Bargh）曾经设计了一个观

察“诱导因素”如何影响人类行为的心理实验。他请了一些已拥有专职工作、属于社会骨干阶层的白领作为实验参与者，并且把实验项目的名称故意标示为带有智力测验性质的“乱句重组—语言记忆测验”。这个实验是这样进行的——

参与实验的人要先走过一条长长的走廊，跨进门，进入教室，在桌旁坐定。在他面前的桌上放着一张A4大小的白纸，白纸上列着一长串5个单词一组的词组：

1.他，是，担心，她，总是

2.鞋子，给，交换，那双，老旧的

3.会，将，出汗，孤单的，他们

4.天空，那，密不透风的，灰色的，是

5.应该，现在，撤回，健忘的，我们

6.阳光，使，温度，皱巴巴的，葡萄干

7.……

约翰·巴格请参与实验者以最快的速度从每组词中取出4个单词，然后把它们组成一个语法正确的句子。开始实验后，这些以为自己是在接受和升职有关的智力测验的白领，都目不转睛地盯着纸上的单词，非常认真而专注地试着组句，每个人也都在差不多的时间内顺利地完成，只是他们不知道约翰·巴格想要的实验结果并不是那些语法正确的句子，而是想要看看这些正值壮年的白领在实验完成之后走出教室时的样子。

约翰·巴格很欣慰地看到了他想要的结果：这些白领离开教室、跨出门、穿过走廊时都不自觉地比进来时缓慢了一些，有几个人甚至还显出了驼背的老态。为什么？这是怎么一回事？原来，约翰·巴格故意用一些特殊的词语，例如：担心，老旧的，孤单的，灰色的，健忘的，皱巴巴的……来对大脑进行诱导，指示大脑里的大型计算机，也就是“适应性潜意识”来思考和衰老有关的事情，并将注意力集中在有关衰老的想法上。因此，当参与实验者完成测试穿过走廊时，他们的行为就跟着大脑当下的思维步调而变得缓慢了。

约翰·巴格担心大家可能会认为这个实验结果有些让人难以置信，于是他接着又和好几位心理学家共同设计了其他几个不同的实验，有的涉及极端敏感的种族歧视议题，有的与学生们的耐心和礼节表现有关，而这些设计严谨的实验结果都指向了一个清晰的结论，那就是：我们一直都处在“自动驾驶”的心理状态中，我们的思考和行为方式，比我们想象的更容易受到外部因素的影响，而这些外部的诱导因素也会在我们毫无觉察的情况下支配着我们的潜意识。

所以，当我说“老与不老，存乎一心”这个信念时，就是要我们把不断提醒自己老了的一些外部诱导因素隔离在外，把相信自己还很年轻精神的好诱导因素装进去，从潜意识里建构年轻的心，这样才能从根本上引导出相应的行为来。幸运的我，就有两位这方面的典范，一直在人生的前方为我示范并带领着我。

我有个年长我 3 岁，不同系但参加了同一个辩论社的学姐，她是我们学校里的传奇风云人物，人长得精致灵秀，细细的眉眼配上白皙干净得几近透明的皮肤，再加上圆润但精致的骨架，走到哪儿都能吸引一大片男女同学的目光。初入校园还是一枚菜鸟的我，对她最深刻或者最羡慕的印象是，一个念大气科学系、相貌堂堂、个头中等的学长，每天都无怨无悔默默地跟在她身后，她从来不看他一眼，也根本不搭理他，可他就是执拗地在每一堂课后，跟着她，守护着她。

这幅在校园里已成为固定风景的画面，在我们这些叽叽喳喳向往爱情的学妹之间成为掺杂着羡慕嫉妒恨的谈资，而画面的最高潮是一个刮着大风的午后，学姐当天可能因为考试不顺利或正值生理期或纯粹只是因为山风吹得恼人，她突然在空旷的系馆门前，在众目睽睽下，转身，双手用力把书包摔在那位风雨无阻的学长的头上。我当时不在现场，但据兴奋的室友转述她作为目击者的第一手情报说，当时四周的空气仿佛凝固了好几分钟，然后那位痴情的学长弯腰把书包拾起，还给了也被自己的鲁莽行为吓到了的学姐，接着就安静地转身离开了。

后来学长办了休学，听说隔年降一级转到了位于台南的大学，至于是不是走出了痴恋的阴影，我事后连问都不敢问。

我倒是和学姐成了朋友。大学毕业后学姐继续留在学校读研究生，我们一起带着辩论社的同学们征战各大院校，收获了无数的奖杯，其中包括“大学杯”辩论比赛个人冠军和团体冠军，等等。不过，学姐的优秀并不仅仅只是秀丽的外表和辩才无碍的聪慧而已，她还有一个超级好用的脑子，能将西班牙语文系的“冷门”课程（那个年代的父母师长只认为英语系是有前途的），变成有用的商业能力，因此在读研一时，就进入一家国际贸易公司工作，毕业后短短一年的时间，就已经是该公司的欧洲部首席了。

当了国际贸易公司首席的学姐，为了寻找合适产品和洽谈生意的需要，常常在欧洲各国之间飞行。有一次先生和我带着 2 岁的儿子从台北松山机场搭飞机回高雄看望母亲，正好遇见学姐也搭乘同一班飞机去高雄和远从希腊来台湾度假的客人们会合。穿着剪裁合身的浅米色职业套装和深驼色高跟鞋的学姐，气质又好，身材又修长，白皙的皮肤依然洁净无瑕。我们在飞机上聊了一路，早已飞遍世界几大洲的她，完全不显摆和造作地描述了自己多姿多彩的工作和生活，听得我这个成天只围着孩子打转的刻板公务员好生羡慕。

那个时候还没有微博、微信朋友圈之类的社交媒体，甚至连电子邮件都还不普及，我和学姐在各忙各的情况下，失联了有近 10 年之久，一直到我们在伦敦的一间设计师品牌服装店里巧遇。当时我儿子已经在伦敦读了两年的寄宿学校，我们在伦敦郊区安了家，经济情况也比从前稍稍宽松了一些。我一直很喜欢那个设计师的服装设计品位，因此打算趁着换季折扣期间去购置一两件外衣。

我们在店里发现彼此时，两个人都不可置信地紧紧抱着对方。当时我们都是 40 多岁的人了，可还是像小孩那样高兴得又蹦又跳。虽然经过了 10 年，可学姐还是像 10 年前那样美丽，身材依旧苗条，皮肤也依然光可鉴人。她已经是两个孩子的妈妈，和英国籍的先生定居在意大利，这次是趁着暑假期间，专程带着上小学的孩子们从威尼斯回约克郡的奶奶家度假的。

我们各自支走了先生，在街边的咖啡馆里坐了下来。学姐给我看了一双宝贝儿子的照片，两个混血儿都漂亮极了，除了承袭了爸爸西方人的深邃五官，又融合了妈妈东方美人的细致，因此浓眉大眼得恰到好处，也没有太夸张的鼻梁和大嘴。我们诉说了别后的种种，而我当然也早已习惯并心悦诚服于她的各种优秀。

那天之后，我们恢复了联系，并且借着电子邮件知道了彼此最新的生活状况。学姐供职于投资银行的先生在全球性的金融风暴期间未能幸免于难，赋闲在家将近一年，好不容易恢复上班后又发现罹患了肺腺癌。为了接受更好的医疗照护，姐夫辞去了意大利银行的工作，全家搬回了英国，学姐除了照顾和陪着他接受各种辛苦的治疗，还在伦敦创立了一个专门为华人做商务咨询的公司。

2007 年 12 月初，我在伦敦郊区的家里过了个小小的 50 周岁生日，那天学姐和病情已得到很好控制的姐夫也来了，还带来了从他们自己院子里新摘下的花束。12 月初的伦敦虽然已经很冷了，但幸运的是那天阳光很好。我们把餐桌挪到了露台上的阳光房里，在阳光下吃着简单的午餐。午餐后我和学姐不想挪窝，于是煮了咖啡，各自裹着条厚厚的毛毯，窝在窗边的沙发里聊天。

冬天的阳光底下，我看见 53 岁、经历了风雨的学姐的额头和眼角已然出现了细细的皱纹，曾经光洁无瑕的双颊上也闪现了一些沉着的阴影，而必须亲自照顾病中先生的双手，也有了年岁的印记。但尽管如此，她看起来还是好美、好精神、好让人向往。在咖啡升腾的雾气中我问学姐：辛苦吗？她说：有阵子挺辛苦的，但熬过来了。

我再问：生活和工作都这么忙，家事两个儿子也指不上，你是怎么做到让自己这么精神的呢？学姐知道我是真心地请教，而不是客套地夸她，所以也很诚恳地回答我：

“韵蓉，女人不能服输，也不能服老啊！虽然我先生刚确诊和动手术的那段时间，我们都慌了手脚，我也不分白天黑夜地工作和往医院跑，但我告诉自己绝对不能露出败象，尤其是不能在我先生和孩子们面前露出‘败象’。我要告诉他们，也告诉我自己，尽管我们遇到了困难，但我们并没有被暂时的失业或病痛击败，我们的生活品质还是一样的好，这个家的女主人也还是一样的神采奕奕。这个宣示，对我们一家人来说，尤其是对我的两个儿子来说，是非常重要的。

“而且实事求是地说，如果你真心想保持自己的良好状态，需要付出的时间和精力也没有想象中的那么大。每天早上，我并没有多花时间，不过就是和从前一样认真地洗脸、认真地梳头、认真地穿戴，我不马虎，也不给自己找偷懒怠惰的借口。我一如既往地走路抬头挺胸，进到病房时，也一如既往地让先生看见风光明媚的我。我要很清楚地让他知道我对未来的信心，也要持续保持在他面前的那个值得珍惜的美好妻子的形象。

“还有，韵蓉，说真心话，我们都是女人，也都是到了随时可能容颜衰败的年龄，我们心里明白如果一旦松懈下来，一旦失去了保持美丽的骄傲和心气儿，那衰退的速度简直无法想象，而且再要追回来也就不是那么容易的事了。”

学姐 13 年前的那一席话仿佛言犹在耳，而她也说到做到，没有对自己的形象松过手。2014 年秋天，学姐夫妇专程从英国飞到台湾高雄参加我儿子的婚礼。姐夫的身体在每年定期复诊中没有再出现过状况，而 60 岁学姐的风华虽不能用绝代来形容，但身板挺直、面容光洁、笑容灿烂的她，也绝对和当年走在大学校园里的她一样，吸引了一大片的目光。

我一直很庆幸有位像学姐这样的典范走在我生命的前方，她让我知道自己的外貌再过 3 年也还能维持什么样的景况，也为我示范了即使芳华不再，也还能恰如其分地优雅从容。而最棒的是，其中并没有什么艰难高深的秘方或法宝，唯一要努力坚持的，不过就是不懈怠、不松手、不服老的心气儿罢了！

除了学姐，我还有另一位更传奇的典范。

1988 年春天，我 31 岁，已确定一两年后要告别医院的心理辅导工作，和先生一起创业做彩妆品进口生意，开始在巴黎同时学习色彩心理治疗和专业化妆。有一天，艺术学院的色彩心理治疗老师为我们讲了一堂当时对大众来说还很陌生的自然疗法课程，其中，她特别提到了从 1985 年开始在英国伦敦兴起的现代芳香疗法课程。由于我个人的专业心理学背景和打算从事的化妆品生意，我立刻生出“也许这是一门好生意”的念头。

通过老师的介绍，我和英国当时为数不多的其中一所教授芳香疗法的学校取得了联系，并约好在一个周六的上午前往位于英国肯特郡的学校会面。我在周五的下午时分从法国巴黎飞抵伦敦，到达后旋即给学校打了电话，接电话的女士很仔细地教我该从伦敦的哪个火车站搭车和下车，又给我介绍了坐哪一班火车在行程上和时间上都最合适。

第二天早上我如期坐上了那班火车，坐定后就一直很专注地查找地图和巴士路线，也在笔记本上记好该留意的往返巴士的班次时间。火车抵达肯特郡的唐桥井（Tunbridge

Wells）之后，我走出小小的但很干净漂亮的车站，正准备寻找巴士站牌时，一位身高大约 1.75 米、金发整齐地盘在头上、戴着全套珍珠首饰、穿着一身英国蓝套装的女士，站在一辆开着门的白色本田房车旁大力地向我招手，并示意我过去上车。那是我第一次见到日后影响我深远、于我如师如母的琼·克罗夫特（Joan Thornycroft）老师，那年她 71 岁。

老师和我素昧平生，但却因为担心我人生地不熟而专程开车到车站来接我，让我在受宠若惊之余，更深深地感动。那天我们在老师的办公室里聊了 5 个多小时，喝了好几杯咖啡，吃了好多块蛋糕，午饭期间还差人买了三明治进来。我只记得当她把我再送回车站时，依旧寒冷的早春的阳光早就已经无影无踪了。

我和老师从此建立了深厚的情谊。担任世界知名专业美容国际组织主席的她，不收取任何费用地帮助我成立了台湾第一所拥有多项专业国际证照认证的培训学校；帮助我建立了珍贵的国际师资人脉；更成为我儿子在英国念寄宿学校时的监护人，让我们夫妇得以放心地留在国内打拼事业。我日后也成为老师的专任翻译，陪着她受邀到中国各地讲课。

老师出身于英国贵族家庭，嫁的先生同为贵族之后。她的父亲送给她一座位于肯特郡的砖墙上镶着深粉红色装饰板的大庄园作为嫁妆，就像我们在英国电视剧《唐顿庄园》里看见的大宅子一样。老师婚后和 20 世纪 30 年代所有家世优渥的英国贵族 lady 一样，不需要出去工作，只要穿得美美的，在家宴客就行了。可是老天爷并不用寻常人的生命轨迹去轻易纵容她，它为她设计了一条和当时的女士不一样的路径——婚后 10 多年，她的丈夫就去世了，没有留下子嗣，也因生意失败失去了大部分的财产。

老师卖掉了粉红色大宅，买了一幢深灰色、有个大大的玻璃斜顶和大花园里开满了花朵的农舍庄园，在庄园里开办了一所女子学校，自己则住在离学校不远的一幢温馨而美丽的小农舍里。这个举措在当时的英国上层社会中是很“吓人”的，试想，一个还不满 40 岁又出身名门的女子，在丈夫离世之后，不但没有守着昔日余晖在家深居简出，反而变卖了嫁妆，像平民那样凭自己的努力赚钱，是有多惊世骇俗。还好年轻的老师没有被流言蜚语击败，她坚定地守住自己的信念，并因为自己的工作成就，得到了伊丽莎白女王所授予的“大英国协”的骑士勋章。

我认识老师时她虽然已经71岁了，可还是精神十足，她总是脚踩至少6厘米高的高跟鞋，穿戴着全套首饰，即使在家也丝毫不马虎。我之所以敢这么说，是因为我每次回英国都要在老师家住上几天，见证了她家居生活的样子，而至今仍影响我深远的标准原则是：“在家可以轻松，但绝对不可以邋遢！”已寡居近60年的老师甚至还告诫我，千万不要因为不在乎了，而在先生面前成为油头黄脸气味浓浊的老太婆。

我为老师担任课程翻译的那许多年间，她总是自嘲我俩是“一对会表演的漂亮海豚”，因此每每在即将上台之前，她都会发出口令：“深呼吸、挺胸、收小腹、夹紧臀部、微笑、上台！”老师说，女人一届中年，就会发生一件你很难控制的“悲剧”——走进房间时，年轻的你是胸部先进去，但中年之后，一不小心就变成肚子先进去了！所以她总是严格地对自己也对我发号施令：“深呼吸、挺胸、收小腹、夹紧臀部、微笑、上台！”

2014年的农历春节期间，我们全家在刚过97岁生日的老师家度过了快乐的大半天。那天，老师新烫的金发整整齐齐地梳拢在耳后，穿了一件颜色鲜艳亮丽的花色针织上衣，戴着最喜欢的珍珠项链和珍珠耳环。老师有一些些耳背，但脑子还是清晰聪明得不得了。我看见，她由于年事已高穿着大毛鞋的双脚有些浮肿。为此，老师在我们进门坐定后就连连地说：真是抱歉！我现在连双体面的鞋都穿不了，希望没有对你们失礼啊！

这就是激励我“决定不老”的典范，也是帮助我相信，只要有意愿和努力去做，岁月的脚步虽然不会为我停歇，但它也可以不是“不饶人”和“无情”的！

要有为自己创造快乐的行动力

有句特别老生常谈、有点迂腐、通常是父母师长用来鼓励年轻人的话：“你的未来，掌握在你自己的手中。”虽然我也常用它来督促我的儿子，但凭良心说，我并不完全同意这句话，因为但凡经历过世事的人都知道，很多时候，时也，命也，运也，即便是努力了，也不一定能事事尽如人意。但是如果把这句话用在为自己创造快乐上，尤其是用在已卸下生活重任的后中年期为自己创造快乐上，那么我就完全同意，而且发现一旦行动起来，它并不像想象中那么困难。为什么呢？

我曾经拿这个问题请教过一位我非常欣赏的同龄女性。她是知名的三甲医院的妇产科主任医师，同时也是拥有众多粉丝的旅游博主。她的旅游博客更新得很频繁，貌似是位已完全退休的老干部，但事实却不然，她目前还在医院坐诊，也常常需要刷手上手术台。回答我的问题时，她说：

首先，拥有选择的权利，是我们进入后中年期以后最大的优势。我们不再被还没长大的孩子所牵制，不管是经济上、精力上，或时间上都有了更多的余裕，所以我们能自由地决定要做些什么和不做些什么。目前，我虽然还有教研工作，也有病患指定要我为她们做手术，但过去几十年的兢兢业业，已为我自己挣得了合理安排工作内容和时间的权利，所以，“舍”掉不一定非要我亲自参与的工作，而“得”快乐的经验和成就，就是我目前衡量和取舍工作内容的标准。

至于工作忙得没法享受生活的问题，实际上，如果我们把一天的时间摊平，变成一条长长的时间线来检视，你就会发现其中有好多好多空白的碎片，这些碎片有些是必要的，可以给我们提供思考和暂缓的空间，但有些碎片却是可以拿出来利用的。如果说我有什么比同龄人更聪明的地方，那就是我会利用这些闲置的空白碎片，拿它来做一些能让自己更丰富和快乐的事。例如，我会把晚上在电视机前待着的时间大幅度缩短，用这些时间来更新微博；我也会把不拖拖拉拉做事所省出来的时间，用来回答粉丝们有关健康的问题。而这也是能让我在帮助人的过程中，得到快乐的事。

最后，从我个人几十年专业工作中接触众多女性所得到的经验来看，我知道人一旦进入后中年期，就很容易被自我暗示，认为自己老了，做不动了或走不动了。我很害怕也不允许自己成为这样的女人，所以我一直在路上，一直在行动中，一直在为自己创造生活中的点滴快乐，并且拒绝一旦停下，就再也不想动了的可能性。

就在我伏案写这段章节的时候，我从主任医师的微博上，看见她和先生在美国福特汽车博物馆里拍的照片。他们背着背包，穿着年轻帅气、色彩鲜亮的夹克衫，足蹬时髦的旅游鞋，在一辆辆百年老古董汽车前，就像两个充满好奇、初探世界的青少年一样。

根据比利时经济学者伯特·凡·兰德赫姆（Bert van Landeghem）的研究，人的快乐感平均从 25 岁以后开始下滑，随着工作和家庭各种责任的加重、婚姻危机、失业，以及亲友的生老病死，到了平均 45 岁——所谓“人生责任高峰期”的中年时期——就进入了人生最不快乐的谷底。

不过，很开心的是，中年危机并不是终点，过了这个时期之后，人生的快乐感会重新上升和重返佳境。所以，人生像一个 U 形的微笑曲线，45 岁是最不快乐的谷底，然后会重新往上爬升，到了 50 岁以后就更快乐，而且愈来愈知足常乐。

兰德赫姆在英国皇家经济学会于伦敦召开的年会中指出，50 岁以后快乐感回升的主要原因在于，一般人过了这个年岁以后会愈来愈知足，更随心所欲，而且更敢于表达自己的好恶。至于人生快乐感的平均最高点在什么年岁？伦敦大学生物学教授沃伯特认为在70岁末期到80岁以后；美国科学机构的一项调查研究则发现，人生的快乐感从40岁末期开始重新往上攀升，直到85岁才真正达到巅峰。哇！

所以，当过来人和专家们都告诉我们人生的好日子现在才将开始，我们是不是就应该立刻起而行，用行动力来为自己创造快乐呢？！

要有让生活丰富多彩的兴趣和爱好

被英国《经济学人》（*The Economist*）杂志评选为“全球五位管理大师”之一、被尊称为“日本战略之父”、有多本重要的经济学和管理学著作的知名学者大前研一，2010年出版了一本长居畅销书排行榜的《OFF学》。在这本提倡“会玩才会成功”的生活哲学书里，已72岁的大前研一，专门为即将步入退休生活的后中年期人们，写了如何为退休后生活做准备的种种建议。

除了尽早理性投资，为退休生活积累财富，以及退休后另外购置居所安享晚年，他也在书中强调了选择终身兴趣的重要性，同时也给出了选择时的三项法则：

1. 如果你已经超过了 40 岁，那么从现在开始，就要拥有或开始培养退休后可以长期维持，并且能增添生活乐趣的爱好

大前研一的看法是，许多兴趣需要时间去培养和探索，而且把这些兴趣玩出火候也需要时间的积累。对于辛苦工作了几十年、准备退休或已进入退休生活的人来说，失去学习的斗志和懒得去做，都是很容易出现的心理状况，所以最好是在还年轻时就让兴趣开始生根。

我很认同大前研一的看法，但是想进一步说明的是，所谓的兴趣或爱好不一定需要是多么正儿八经或非得出门去参与的事，哪怕只是某种生活上的小习惯也能丰满生活，例如我母亲多年不辍的下午茶时光，就是让我很羡慕、很向往的爱好。

我的母亲是一位全职家庭主妇，不仅厨艺精湛，也天天勤快地把家里收拾得窗明几净、一尘不染。热爱小资生活情调的她，出门吃饭时向来的主张都是“东西好不好吃不是最重要的，餐厅的气氛和情调好不好却是一定要考虑的”。

自从父亲去世之后，从来没和儿子儿媳住在一起的母亲，仍然坚持要自己一个人住，理由是怕麻烦和不自由。虽然家里只有母亲一个人，但如今已高龄 90 岁的她，只是让帮忙的阿姨做饭和做些重活，仍然每天亲自擦桌子和手洗贴身的衣服，所以，一天当中，她除了清晨和傍晚到公园散步做运动，大半时间都是在洗洗弄弄打扫庭除。爱干净和勤快的母亲还有个已持续超过 20 年、雷打不动的习惯——每天下午 2 点到 4 点，两个小时的下午茶音乐会时光。

在这两小时里，她会为自己泡一壶我们从英国带回来的女士伯爵茶，用的是成套的、镶着金边、有漂亮英国玫瑰花图案的茶具，她还会在同系列花色的瓷碟里准备一两块配着女士伯爵茶喝的饼干或甜品，然后把它们都放在一个青绿色彩绘花园的大圆托盘里。茶水和甜品都准备好之后，她会选择一盘喜欢的老歌手的演唱会录像带，例如邓丽君、费玉清、蔡琴等等，然后在客厅的单人沙发上，就着悠扬好听的老歌和声光俱佳的演唱会画面，惬意地享受她奢华的下午茶音乐会时光。

除了沉浸在优美的歌声中，喜欢唱卡拉 OK 的母亲也会一天又一天、一遍又一遍地跟着录像带练唱，等到某首歌被练得曲调和歌词都滚瓜烂熟之后，她就把那首歌写进一张已经有好多歌名的单子上，然后等着我那也喜欢唱歌的二姐回高雄看她时，两个人一起包个 KTV 房间，把单子上的每一首歌都点了，让母亲像开个人演唱会那样，一个人快乐尽兴地唱。（如果你们不能真切地理解我娘对唱歌的热爱，那么，我给你们一个实际发生的数字：妈妈和二姐可以从早上 10 点进入 KTV 包厢，中饭和晚饭都以 KTV 提供的简单自助餐解决，一直到晚上 8 点才离开。一个八九十岁的老人能这样长时间地 K 歌，是不是很匪夷所思啊？！）

母亲的孙儿们也都知道她这个爱好，因此只要有新的演唱会录像带或看到好吃的甜点，就都一定会替奶奶 / 外婆带回来。而她的这个爱好，不仅丰富了自己孀居十多年的寂寞生活，也让我们这几个没法天天在身边照顾和陪伴她的子女，感到安慰和宽心。

2. 和不同年龄层的朋友一起享受兴趣

我个人觉得这一点是很重要的。如果我们到街心公园里随处转转，就一定会看见一群群年龄差不多的老人聚在一起下棋、打牌、织毛衣、聊天。老人们聚在一起取暖做伴当然没有什么不好，但如果我们在这些老人身边多待一会，听听他们聊天的内容，就会发现这些谈话有些时候是很消极和负面的。

我认识一位在婚姻初期和婆婆相处得十分困难的女孩。刚结婚的头几年里，只有在周末才见面的婆婆对她非常冷漠和倨傲，而且总是在话里话外故意地表现出自己的工作经验多么丰富，懂得的知识又是多么的多。她很难过和压抑，也很害怕周末的到来。幸运的是，她有一位非常温柔体贴的先生，所以虽然和婆婆在一起的时光很难熬，但婚姻大体上还是幸福和美的。

生了孩子以后，她和婆婆之间的关系开始慢慢地有了变化。一来是因为结婚这几年来，她一直主动向婆婆示好，也一直是贤惠懂事、恪尽孝道的好儿媳；二来她把女儿教育得很好，孩子不仅和爷爷奶奶非常亲，而且事事都先想着二老。

此外，她对一生都生活在不讲情趣、不懂得疼惜妻子、极端大男子主义的丈夫身边而备受委屈的婆婆，表现出了理解和支持，因此，婆婆才慢慢地将和她之间筑起的高墙一片片地拆落，最后成为乐意和她分享心事的人。

当受过高等教育的婆婆，有些不好意思地说起“为什么在新媳妇进门时那样为难她”时，她才知道事情是起因于一次婆婆在社区的老人活动中心里和人聊天，当其他的老太太知道她即将成为婆婆后，就七嘴八舌地警告她，说现在的年轻女孩有多么的不懂事和目无尊长，所以一定要给儿媳妇来个下马威，好巩固婆婆的尊严并为日后立下规矩。

虽然这位婆婆是受过高等教育的知识女性，但仍然被这些自认为受尽儿媳妇欺负的“过来人”吓得够呛。因此她决定贯彻过来人的建议，在年轻漂亮、工作能力又强的儿媳妇进门时，违逆本性地摆个扑克脸，好让她清楚明白谁才是这个家说话算话的女主人。

被其他老人“误导”，其实只是我担心的一个原因。我更担心的是，老人们聚在一起谈的多半都是因为老而引起的种种和健康有关的问题，以及今天哪个下棋的老伙伴早上在浴室里摔坏了腿而来不了，或哪个打牌的老伙伴昨天夜里突然心脏病发作走了。这些消极的话题和令人沮丧的消息，不但会不断地提醒我们的年龄，也会暗示和影响我们的情绪，对身心健康而言，都不是太积极和正面的事。

但如果有兴趣的事物和所参与的活动中，涵盖了不同年龄层的人，那么不仅活动的方式会更活泼有趣，团体间的谈话内容也会更丰富多彩，此外还能从非同龄人身上感受生活的活力，学到不与社会脱节的新知识或是长者的生命智慧。

因此，当我们认真思考该如何为未来或退休后的生活培养某项兴趣时，最好能把这一点给考虑进去。

3. 选择有表现机会的兴趣

合唱团、画画、舞蹈、太极拳等等，都是有展示成果或参与表演机会的兴趣。从 2014 年初开始，从莫斯科克里姆林宫前的红场，到法国巴黎铁塔前的协和广场，在世界各地吸引各国媒体争相报道、大放异彩的中国大妈广场舞，就是其中一个很好的例子。

有展示成果和参与表演机会的兴趣或爱好，能燃烧我们的斗志（这一点对已失去职场舞台的人来说，是很重要的心理诱因），驱使我们为了精益求精而持续练习或积极参与，此外，也能疗愈我们慨叹“时不我与”的失落和空虚。

当然，即使生活优渥、人脉深广的大前研一也承认，要找到能同时满足以上这 3 个条件的兴趣爱好，不是一件人人都能幸运做到的事，如果能满足这 3 项要件中的其中 2 项，就是好的。而且说不定，在卸下了生活重担和总是慌慌忙忙的时间压力之后，我们突然就从兴趣中发现自己的某项天赋了呢！

要有知心的“老友帮”

我曾经做过一个对象包含不同性别、不同社会经济地位、不同工作专业、在不同城市居住的后中年期人士的小调查。在调查中，我请教这些愿意回答几个问题的朋友，哪些事情能帮助他们更好地享受退休后的生活。

在拥有健康身体、经济安全、相依的老伴、孝顺的子女之外，最常出现的一个答案是：可以相伴谈心、互相支持的好朋友。他们都认为，退休后有大把的时间是闲置的，如果有几个生活节奏和自己相同，又能玩在一起的朋友，就能一起出来吃吃饭、结伴旅行或做些喜欢的事情。

另外，人进入中年之后，难免遇到高堂父母因健康状况需要医疗照护的问题，或者是自己的婚姻难关、配偶离世、子女成家立业等有可能发生的现实状况。这个时候，除了要有能陪伴我们的家人子女，也需要能理解我们心情和境况的老朋友的支持。我自己就是蒙受老朋友恩惠最多的人。

2012 年，当时刚过 84 岁生日的婆婆第一次被诊断出已罹患第二期胃癌，我们和先生的姐姐、姐夫几经商量，决定在只求老人家能安享晚年的前提下，采取温和保守的治疗方法。对自己的病情毫无所悉、以为只是胃溃疡的婆婆，因此从 2012 年的 10 月初开始，一直到 2014 年 8 月下旬去世的近两年间，每个月都必须到医院门诊拿药，其间还因贫血入院了两次。

由于先生唯一的姐姐长住美国 30 多年，和姐夫两人都还在工作，先生和我在大陆的事业也不能离开太久，儿子在英国的工作又需要他在世界各地出差。我们于是请了一位能住在婆婆家里 24 小时照看的长期看护，并采取轮班的方式，确保我们其中一个人能留在台湾陪伴。

在这身心都比较艰苦的两年间，我们非常幸运地有一群知心的好朋友，他们常常在婆婆来高雄小住时，到家里来陪她聊天或带着她出去转转，其中一对夫妇——先生在 60 岁之后才开始攻读博士、目前在大学教书，太太几年前从医院营养师职位退休——更是宛如天使般地悉心照顾我的婆婆。由于知道我们家人的生活工作都分散在不同的地方，他们更是主动分担陪护的工作，好让我们在真的排不出时间回台湾时，也能安心——知道老人家是安全和有人照顾的。

其实，我本性是个非常害羞，并且有社交困难的人。我不怕站在讲台上面对着几百几千人发表演说，不怕在辩论台前为了反驳对方而雄辩滔滔，也不怕面对着摄影镜头侃侃而谈，但我害怕在只有几个不太熟的朋友间社交或闲聊，甚至和很熟、很要好的朋友们在一起喝茶吃饭，我也总是那个很放松、很安静、只开心地听她们说话的人。

我的社交困难和害羞性格导致了我的被动。在社交聚会中，我总是不好意思先开口和仅有几面之缘的人打招呼，聚会后，也不好意思主动约人再次见面。因此，最了解我这个恼人缺点的先生就常说，我是那种不主动和人联系，容易让人误以为骄傲冷漠和有距离感的人，但一旦和我相处，又会发现我其实是一个非常愿意热情招呼人、非常好相处和与人为善的人。（但我必须坦白承认，我对能深交的朋友的选择是很有洁癖的！）

由于我的社交恐惧性格，再加上从 33 岁开始，就进入和先生一起艰难创业的 10 年黑暗期，45 岁之前的我，基本上没有什么要好的朋友，唯一的大学时期的死党，也是在和我臭味相投的别扭性格影响下，自从去了美国念书，就渐行渐远，久久才联络一次。

45 岁之后，工作和生活都已进入稳定状况，不再需要那么紧张的我，开始审视自己的问题，并发现我居然没有几个可以毫无挂碍地分享心事、真心支持彼此和促膝长谈的密友。我的生活内容可以用“单纯”甚至“单调”来形容，除了忙碌地飞往各地教课、外表光鲜地录制电视节目、像小蜜蜂一样辛勤地写作，绝大部分的休闲时间，都是和自己的家人度过，除此之外，即便和公司的同事，也没有太多的私生活交集可言。

已更理解生命意义的我，知道自己需要改变，也知道知心朋友将会是今后生活的重要组成之一，而且建立可以共享欢乐与哀愁的知心朋友圈是需要投入时间、精力、物力去经营的。于是，我开始了一项打破沉疴、改造旧习的计划，并且认真地将它付诸实行。

如今，我仍然有鸡尾酒会社交（就是拿着鸡尾酒杯，假装热情地在会场里晃来晃去）恐惧症，也仍然不喜欢和不熟识的点头之交故作热络状地哈拉哈拉。近几年，我甚至大量地减少参加各种华丽时尚活动的次数，也婉拒各种言不及义的应酬饭局，我的生活依旧单纯和单调，通讯录里的名单也没有显著地增加。但是我有了一帮非常要好的闺密，我们除了能聚在一起轻轻松松笑笑闹闹地喝茶聊天，如果有任何人需要帮忙，其他的人也一定二话不说，两肋插刀挺身相助。我在这样的友谊中感受到温暖和安全，也觉得自己曾经孤狼般的羞赧性格得以改变。

除了我可亲可爱的闺密帮（我们大言不惭地称自己为京城名媛帮！），自从先生和我终于在生意稳定、可以比以前更频繁地回到台湾高雄后，也开始主动地和曾经的老同事们联系。我们有时以夫妻为单位一起出来聚餐，有时则举行老公专场或老婆专场。去年冬天，为了感谢这些老朋友在婆婆生病期间给予我们的支持和帮助，我们作为发起人，邀请了 4 对夫妇一起在隆冬的极寒天气中，到瑞雪及膝的大兴安岭旅行，这对一年四季都见不到雪的台湾南部“乡巴佬”们来说，是一场足以铭记终生的美妙经验。

今后，我们已尝到甜头的“老友计划”将会持续地进行，如果需要，先生和我也会继续扮演带头吆喝的角色。不过，我特别想说的是，实行“老友计划”的时间点很重要。太年轻时，正在为生活打拼的我们，既没有时间也没有闲钱去大量投入，而且正在积累财富的年轻人聚在一起，也难免会有让人不悦的嫉妒或较量情绪发生。但如果等到年纪太大、完全退休以后，一来，人老了，自然就会变得更固执、更不好相处；二来，需要时间去经营磨合的友谊也不容易建立和稳固。

因此，我的建议是，“老友计划”最好是趁着孩子刚刚离手，自己又还有工作时就开始用心去做，这样就能更好地为自己组建出可以共享退休生活点滴乐趣、共度恬静晚年，以及在遇到困顿时可以彼此支持打气的老友帮来了。

要有第二专业

“维基百科全书”对“终身学习”的解释是：终身学习（Life-long Learning）是指“一辈子的学习”。而在全球几万所“乐龄大学”的官网上，对终身学习的简单定义则是——“它是让我们具有快乐生活能力的方法”。

如果查看这些“乐龄大学”的课程网页，会发现它学习拥有快乐生活能力的课程，涵盖的范围很广，除了一般文化课程的通识教育，还有一系列的“第二专长”课程，例如各种外语、电脑编程、零件修理、平面设计、毛衣编织、糕点烘焙、艺术品鉴赏，甚至还有会计记账，等等。而根据已经毕业的“老”学生们在乐龄网学生论坛上的帖文，我看见许多已经从第一专业上退休的 50 岁后中年期学生，还因为在乐龄大学所学的第二专长，找到了兼职工作，开创了人生和事业的第二春呢！

受到全世界国际芳香疗法治疗师学会（IFA，International Federation of Aromatherapist）学生爱戴景仰、今年已88岁却仍然活跃在国际学术会议上的乔安娜老师，就是中年退休后转业的成功例子。

我认识乔安娜老师是在 20 多年前我刚在台北开设国际证照培训学校的时候，那时她 65 岁，从英国航空公司空乘员工作上退休下来不到 10 年，是我从英国请到台湾授课的第一位芳香疗法专家老师。乔安娜老师的先生和她一样，也是从英国航空公司退休，只是他担任的是机长工作。从大部分中国人的思维角度来看，从航空公司机长和空乘员这两个职位退休下来，领到的退休金一定不少，而且他们的两个女儿也都已经结婚离家，所以照理说，乔安娜老师应该不需要继续工作赚钱，只要拿着英航给职工的终身免费机票，两个人到世界各地旅行就行了。

这个疑惑我一直没敢开口问，一直到有一天，我开着车载着乔安娜老师夫妇从台中返回台北，那天高速公路因前方有事故堵得厉害，我们在打结的车阵中走走停停。为了打发时间（可能也为了保持我的清醒状态），乔安娜老师说起了自己在55岁“高龄”时，开始学习芳香疗法的有趣经历。她是全班二十几位同学中年龄最大的一位，参加证照考试时，由于怕考试时太紧张忘记每一款精油的拉丁文名称和主要化学成分，因此很丢脸地在进考场之前，吐了一地！

我于是趁着他们夫妇俩都在兴头上的时候，冒昧大胆地问了老师为什么还在继续工作。乔安娜老师给我的答案直率而深刻。她说，第一，她喜欢自己一直在学习的状态中，这个状态能激励她觉得自己还是个需要进步的年轻人，而且活泼好动的她，很害怕退休后无所事事的生活；第二，她喜欢芳香疗法，也能预见这门学科随着社会发展必将凸显的需求性和发展性；第三，师丈菲利普的年纪足足比她大了10多岁，身体素质很好的她，将来势必得有好长时间是自己一个人过，因此，不管是从生命的质量（保持心智功能、减缓记忆力衰退）或从生活的质量（持续与他人互动、更随心所欲和舒适的老后生活）上来看，她都必须拥有一份靠专业而非靠体力的工作。

乔安娜老师的例子我不知道告诉了多少人，也激励了多少人，因此我的芳香疗法教学课堂上，总是有“超龄”的学生来上课，她们有的纯粹是为了兴趣，有的则真的是想再创职业生涯的高峰。有一位68岁的大姐每次来参加半年一次的面授课程时，都会带来自家烘焙的糕点和拿手的卤味，而且每一次她都会挖空心思地变换菜色，好让班上的年轻孩子们享享口福。我原本以为这位大姐不过是想找个地方上课打发时间，可没想到她却以很好的成绩取得了芳香疗法治疗师的国际证照，而且衣食无忧的她，还在网上开了一家专门设计配方的精油店呢！

我自己当然也有终身学习的计划，除了开始为未来的孙子女学糕点烘焙，当个有拿手绝活的好奶奶（请老天保佑我拥有这个慧根），我还计划要报名油画班和艺术品鉴赏课程，另外，也要把几乎完全忘光了的法文给补回来。所以，说不定哪一天，我会摇身一变，成为一个顶着满头白发，手举着小旗子，在法国某个老教堂里为旅行团解说教堂墙上的湿壁

画的专业解说员哦！

要做好人

由于现代人生活得太紧张，太不快乐，因此几乎全世界各大学的积极心理学实验室，都做了不同的研究，以试图找出如何帮助现代人更快乐的方法。以下就是几个最新出台的研究报道。

据英国《每日邮报》报道，最新的一项研究表明，在良好的饮食习惯和医疗护理下，每100个现代人当中，有超过16%的人有机会活到100岁。而在这16%的人当中，会赚钱的人，有机会活得更长一些，因为财富会刺激一种能增加人寿命的荷尔蒙——脱氢表雄酮的分泌。但是，如果会赚钱又会分享的话，就能既活得更长，又能比别人活得更快乐，因为统计学显示，这样的人早逝的风险会大大降低至60%。

拿了美国国家精神卫生研究院100万美元，进行了长达5年实验研究的两位心理学家柳波莫斯基和薛尔顿，也以自己的实验证明了《每日邮报》报道的正确性。他们做了一项如何使人更快乐的研究，结果发现“仁慈”“感恩”“乐观”这三项生活态度，不仅和人的快乐感有关，也和人的寿命有正向的相关。

德国康斯坦茨大学的演化心理学实验室指出，做善事可以让人拥有满足感和归属感。这两种积极的感觉不仅能减缓压力，释放生活中的不快，最重要的是，它能帮助一个人获得在事业上和婚姻上的成就感。而且在这个实验中发现，做善事的定义很宽，可以是一笔巨额的捐款，也可以是为陌生的问路人热情和善地指引方向，不论大小，都具有让人感到快乐的魔力。

由英国诺丁汉大学和利物浦约翰摩尔大学进行的研究则发现，多做善事有助于提高人们的性吸引力。研究人员选取了 67 名男女为研究对象，要求他们根据名单上的品质特点对异性的吸引力做出评价。这些属性包括了帮助他人、喜爱美食、面容姣好、身材性感等等。结果发现，无论男女，都认为乐于帮助他人的异性很性感，而且它的排名居然高于面容姣好和身材性感。

其实，就算这些心理实验室不做任何研究，我们的至圣先师孔老夫子，早在几千年前就提出“为善最乐”的道理，而且我们在日常生活中，也一定经历过帮助他人之后所带来的快乐。但是，“做好人能抗老化”这个视角，倒是一般人较少涉猎的主题。

2014年6月下旬，一位95岁、被媒体昵称为“欧嘉奶奶”的传奇老人——欧嘉·柯黛格（Olga Kotelko），在亲友以及众多媒体的陪伴下，在加拿大温哥华的医院里，以完美的善终结束了让人惊叹的一生。欧嘉奶奶是一位长青级11项全能运动员，她在77岁时才开始参加田径竞赛，到了95岁时，已经破了33项世界纪录，得到了750枚金牌。她从在自己家浴室里晕倒，到在医院的加护病房里过世，只有短短不到4天的时间，既没有给自己带来痛苦，也不拖泥带水给家人带来麻烦。

有位新闻记者在欧嘉奶奶知情并同意的情况下，一直追踪采访她，并在她去世3个月后出版了她的传记《最有活力的老后》（*What Makes Olga Run?*）。在这本传记中，作者除了讲述欧嘉奶奶的运动天赋、惊人的毅力和体力，以及持续不断的锻炼，也观察了她在生活中为人处世的细节。而其中最让我动容的是，当记者问欧嘉奶奶是怎么做到拥有如此充沛的体力和健康长寿时，她用朴实无华的语言回答：要做好人！

在欧嘉奶奶的生命字典里，“做好人”代表了几个面向，除了大家都知道的参与公益，与人为善也是其中重要的核心内容。欧嘉奶奶说，当一个人经历了生命的跌宕起伏，走到了人生旅程的中期之后，“仁慈”与“和蔼”是我们拥有的、有别于年轻人的智慧和能力，也是我们必须回馈给世界的责任。我们因此需要善用这个能力，对驻留在身边的人——哪怕只是在十字路口擦肩而过的人——仁慈柔软、和蔼亲善，让人从我们身上得到足以温暖身心的能量。而且，当我们成为一个仁慈和蔼的长者之后，身上所辐射出来的磁力，也自然会吸引宇宙间更多的正能量，让我们更受欢迎、更快乐、更健康。

参与社会服务和社会公益当然也是做好人的具体行动。许多生涯规划专家都建议准备退休的人，将自己几十年来所积累的专业知识和智慧再次发挥利用，将它投入公益事业中。例如，到动物园、博物馆做义务解说员，给受虐的妇女儿童提供免费的法律援助，帮社区中心讲授家庭理财知识，参与贫困山区的支教或义诊活动，到医院做安宁病房的志愿者……这些都能让无所事事的退休生活更充实、更有活力，以及更有成就感。

要童心未泯

神经学的研究证实，当一个人的压力太大时，位于 DNA 末端的“端粒”（telomere）会逐渐变短，身体细胞也会受到影响而逐渐老化。但有趣的是，即使处在相同的压力情境下，感受是否强烈，处理方式是否不同，也会影响端粒的消耗，而其间的差距居然可长达 9 ~ 17 年。因此，神经学家们建议，预防细胞老化的方法之一，就是尽可能让心灵保持孩童般的纯真状态，对新鲜事物充满好奇，对生活中发生的小确幸常怀感动，让快乐感和幸福感增强。

几年前，我先生到英国参加代理品牌的年度会议，同时处理房子的一些事。回来时，他在机场的免税店给我买了两件礼物—— 一只穿了鲜艳的红黄条纹套头毛衣的毛绒玩具熊和一个高度足足有一米的蜘蛛侠。当他抱着这两件礼物走出首都机场海关时，一位牵着孙子的老爷爷趋前问他，您这是在哪儿给孙子买的呀？我孙子也想要！我先生很客气地告诉他是在伦敦机场的免税店里买的，但却不敢告诉他，这两件礼物其实是给他快 60 岁的老婆买的！

我喜欢毛绒和布艺玩具动物是周围朋友们都知道的事，凡是来我家做过客的朋友，也都对摆放在我家玄关条案上、客厅壁炉上、楼梯转角处等等不同角落里的可爱玩具们印象深刻，而且我的朋友们都知道，除了几个对我有特殊意义的玩具，只要有小朋友看上的和喜欢的玩具，他们都可以从金姥姥家抱走，所以金姥姥和金姥姥家都特别受小朋友们喜欢，而我也乐此不疲地一直补充这些玩具。

我先生很支持我这个喜好，也乐意在看见可爱的玩具时帮我买回来。有一次我问他有这样的太太会不会觉得很丢脸，他一本正经地回答说，不会呀！喜欢玩具总比喜欢钻石省钱吧！而且平日工作已经够忙碌紧张的了，日子没必要再过得太严肃和太累。

我很感谢先生的理解，事实上，我相信每个“上年纪”的人，在内心的角落里都隐藏着一颗童心，只是我们不好意思或忘了把它表现出来。

我曾经在微博里转载了一组国外的图片，是由几张在真实情景中抓拍的照片组成的。照片中有系着花头巾的老太太在人行道上开心地骑单脚滑板车；有老太太顽皮地站在超市购物推车的金属横杆上，由着她的老头儿推着往前走；有头发花白的老太太爱娇地坐在乡间简易的秋千上，而宠爱她的老头儿则在后头扶着……这些充满了童心童趣的照片，得到了数以千百计网友的点赞，并且一致认为：她们是多么可爱、心境多么年轻的老太太啊！我以后老了也要这样！

是的，这也是我向往的老后境界——虽然身体已经老了，可却有一颗让自己快乐也让身边人快乐的不老童心，就像那几张照片中童心未泯的老太太一样，自己年轻快乐地活着，也让看照片的人心里暖和和地年轻快乐起来。

我在网上读到这么一段简单却美好的文字，将它抄录于

后，和大家分享和共勉：

走过的路长了，遇见的人多了，经历的事杂了。

不经意间发现，人生最曼妙的风景是内心的淡定与从容，头脑的睿智与清醒。

人生最奢侈的拥有是一颗不老的童心，一个生生不息的信念，一个健康的身体，一个永远牵手的爱人，一种自由的心态，一份喜欢的工作，一份安稳的睡眠，一份享受生活的美好心情。

第二章 不得不放手的亲子关系

没有人真正了解别人，因此，没有人能真正安排别人的幸福。

——格雷厄姆·格林（英国作家、剧作家、文学评论家）

No human being can really understand another, and no one can arrange another's happiness.

——Graham Greene

（1904—1991）

学会有智慧地放手

刚学会走路的孩子挣脱了妈妈的手，要迈开自己的小步伐，我们得放手让他自己试试；

刚上幼儿园的孩子反抗妈妈的选择，硬要穿自己喜欢穿的衣服，我们得放手让他做决定；

上了中学的孩子拒绝和妈妈一起出门，害怕同学看了丢人，我们得放手尊重他的感受……

孩子成长的路上，我们一路学着放手，一路忍耐妥协，其间虽然辛苦，但终究知道孩子还是孩子。可等到孩子终于完成学业，终于进入社会，即将或已然组建自己的小家庭，我们才猛然发现，孩子已不再是孩子，而放手或不放手也不再由得了我们了。

这个转变很让人揪心，更让人失落不安。几年前在一次和读者的见面会上，几位年轻的妈妈听说我儿子马上就要结婚了，纷纷担心地问我会不会很失落难过。有位儿子才刚满4岁的年轻妈妈甚至说，我完全无法想象20多年后儿子搂着另外一个女人睡觉的样子，我想到时候我一定会发疯。我微笑地回答她：不，你不会发疯，你婆婆现在的精神状态不是还挺正常的吗？你敢说自己对儿子的爱超过婆婆对你先生的爱吗？不，她没发疯，所以你也不会发疯，你只会有些空虚失落地接受这个事实，然后继续好好地过日子，因为这事儿，由不得你！

心理医师和精神科医师之所以把女人在经历“50⁺空巢期”时的身心变化描绘得如此波涛汹涌，就是因为我们在这个时期所面对的孩子已经和以往大不相同，他们不再只是小打小闹地宣称或争取自己的权利，他们是已经成熟、有能力反抗，并且充分明白自己该拥有的权利的成年人，所以对永远把孩子看成只是孩子的父母（尤其是母亲）来说，此时如果不能学会有智慧地放手，就势必得在痛苦的拉锯之后，挫败地颓然放手，甚至有可能落得两败俱伤的局面。

所以，如何面对孩子翅膀硬了之后对父母权威的挑战，如何有智慧并豁达地理解该放手时就放手，如何以新的视角调整并建立亲子关系，都是 50^{+} 的父母们必须学习的功课，也是影响我们老后生活幸福的关键因素。

我先用一句特别喜欢并一直警示自己的话来为这个章节定调——

没有人真正了解别人，因此，没有人能真正安排别人的幸福。（No human being can really understand another, and no one can arrange another's happiness.）——格雷厄姆·格林

面对孩子的职业选择

她和我说话的时候嘴角一直抽动着，发红的眼眶里也隐隐泛着泪光。她说，女儿已经不再和她说话了，下班回家来就立刻闷着头回自己的房间，饭桌上也只是应付了事地回答几句简单的问话。我说，你可以先向她承认错误，再看看接下来该怎么补救。她说能试的都试过了，但只要是触及这个话题，女儿就会对她吼着说："我已经完全被你给毁了！弥补不了！再也没法挽救了！"

她告诉我，她女儿在大学里学的是设计专业，学习成绩很好，还没毕业就拿到了来学校招聘的大公司的工作机会。那个职位是她梦寐以求的，也很具有挑战性，工作内容既和她的设计专业对口，也是她自己所喜欢的，可是唯一的缺点，就是她必须远离南方的家乡，到位于上海的公司总部去上班。

她接受不了女儿离家到这么远的地方去工作（其实也就是两个多小时的飞行距离或辛苦一点的高铁），因此以自己多年来母兼父职、单亲妈妈的辛苦为情感勒索，除了无视女儿的恳求，强力反对那个工作，还想方设法托了人硬是给找到了一个人人称羡的政府部门工作，虽然和女儿的专业、兴趣无关，但终归是个体面又稳定的金饭碗，不但对将来找对象、结婚有帮助，最重要的是把女儿留在了身边，可以继续在女儿未出嫁前好好地照顾她的衣食起居。

女儿上班后一直很不开心，不仅对毫无兴趣的工作内容感到窒闷，对悠闲的工作步调和安逸快乐的同事们也感到厌烦。她的体重开始明显地往下掉，睡眠也出现了问题。当她发现女儿越来越充满敌意的吼叫和越来越明显的抑郁情绪时，焦虑心疼的她决定选择退让，决定放弃自己曾经的坚持，也决定放手让女儿离开家出去工作。

但已然颓败的女儿不再接受她的好意，对她的苦苦央求也视若无睹。有一次逼得急了，女儿对她说出了自己内心真实的恐惧：“我完全没接触自己的专业已经一年多了，谁知道在这一年中开发了多少软件，发生了多少变化，再说，我也已经没有那种热情的感觉了，我没自信能再找到设计的工作，就算找到了也没自信能做得好，反正我是完全被你给毁了，已经没法弥补，没法挽救了！”

女儿拒绝辞掉政府单位的工作，拒绝出国深造的安排，拒绝出去旅游散心的提议，拒绝所有她提出的方法，只是继续以行尸走肉般的状态来惩罚她！

和这对母女相同的故事我已经听过了好多次，只是在不同的城市里上演着不同的内容版本和发生在不同的人物关系之间。但这些不同版本的故事却有着相同的纠结——“因为我爱你，希望你幸福快乐，所以我要为你选择最好的”。可是让人扼腕叹息的是，选择的人并不是当事人，也并不全然了解当事人的心绪和感动，所以强加的好意就成了让人痛苦窒息的恶意，徒然把一桩美事做成了一桩憾事！

有一次我上节目接受一个访问，节目组安排了几个女孩拿着事先设计好的普鲁斯特问卷，让我快问快答几个问题。第一个女孩问我：金老师，您最喜欢的财产是什么？我不假思索地回答：我那些漂亮的鞋啊，包啊，还有几件特别喜欢的衣服。问我的女孩听了之后睁大了眼睛，喃喃地说：啊？不是您的儿子吗？我也问过我妈妈相同的问题，她说我是她最骄傲、最喜欢的财产！

呵呵！是的，问题就出在这儿了，我们误以为最爱、最在乎的人就是我们最珍贵和最无价的财产，所以就错把能独立思考、有喜怒哀乐、需要自由幻想的大活人当成了没有温度、没有情绪、没有感觉的不动产，所以就依着自己一厢情愿的天真想象，为“财产”规划了前进的方向，甚至决定了他脑袋里该幻想的内容。而这种一厢情愿的美意，可能发生在任何形式的关系之中，家长和子女、丈夫和妻子、情人和爱侣，甚至老师和学生之间。

我是个母亲，当然愿意给自己的宝贝儿子全天下最好的生活，也巴不得能为自己的儿子选择最好的生活、工作、妻子……但是我知道只要我逼近一步，儿子就一定会退后一步——就像我年少轻狂时和自己的父母所跳的探戈舞步一样——“你管得越多，我就飞得越远，因为我得证明我已经是个成年人，已经不再受你的控制”。

所以作为爱孩子、关心孩子的母亲，我选择（或不得不选择）站在一旁默默地注视、默默地扶持，我让孩子知道爸爸妈妈在这里，有需要的时候知道上哪儿去找我们，让他知道能得到我们全部的支持，但我们会尽量克制自己不指手画脚地告诉他该怎么做，只是在预见他可能要跌倒的时候试着递过去一根绳子，或预见很可能会发生的危险时，决断地上前去拉他回来。

根据我多年的专业工作经验和人生经验，我确信孩子的就业选择不会是需要决断出手的危险问题，但选择结婚的对象，就确实是需要我们用智慧去面对，甚至在必要时出手干预的事了。不过，亲爱的朋友，我在这里说的是“择偶”时，而不是“谈恋爱”时哦！

面对孩子人生中关键的选择——择偶

我从来没见过慧慧，但她的父母却是我 20 多年前第一次回到大陆时认识的朋友，我们并不是很熟，早年只是因为工作而见过几次面。两年多前，慧慧的妈妈给我发来微信很焦急地说有事找我，我们这才又开始取得了联系。

慧慧从小就听话，一路顺利地考上重点大学，研究生毕业后又顺利地进入知名的世界 500 强工作。原本，安静又乖巧的慧慧的婚事一直是爸妈人口繁多的亲族中的烦心事，长辈们对她已年近三十却还没有男朋友很是着急，每回家族聚餐就总是有姑姑婶婶问东问西地表示关切。

慧慧进入公司后屡屡因表现优异而被升职，并在 5 年前被派往西南地区负责分公司的设立工作。去西南地区工作后的第二年春节年假，慧慧突然带回来一个在当地认识的男孩，男孩本身也是名牌大学毕业的研究生，也在外企担任很有前途的工作。这个消息对慧慧家族的所有长辈来说都是大喜的事，因此大家都很兴奋并期待着在例行的年节聚餐中见见这个有出息的小伙子。

可惜事情的发展不如众长辈的预期，这个来自西北农村、从小被父母捧在手心里长大的学霸小伙子很不懂事，当除夕午饭后姑姑婶婶舅妈们都在为了晚饭而忙里忙外时，他却像大老爷一样横躺在客厅的沙发上硬是睡了一个下午的午觉，完全无视叔叔伯伯舅舅们必须将就他而挤在剩下的几张椅子上，而最让这些长辈无法容忍的是，当大家都在试图帮忙时，他却仍然横躺在沙发上玩手机等着吃饭。

这次的见面肯定是以伤心和失望收场，慧慧的母亲也因此差点气出了心脏病。可不管大人们如何好言规劝或严厉禁止，固执的慧慧就是不肯妥协。年假后她悄无声息地带走了户口本，和这个极不被父母长辈待见的男孩回到西北老家领了结婚证，并在“五一”放假时捧着刚怀孕一个多月的肚子回到北京。

事已至此，慧慧的爸妈只好接受，但也并没有为小两口举办任何婚礼或喜宴，慧慧也没有披上女孩们向往的白色婚纱。孩子生下来之后，慧慧和先生都申请调回了北京，两个人的工资也都攀升到了 2 万多元。慧慧妈妈成了小外孙 24 小时的保姆，工作忙碌的小夫妻俩也只有周末才回岳家来看看孩子。可是即便如此保持距离，越来越不懂事也不疼老婆的女婿和心里憋着气的岳家之间还是剑拔弩张，而且这屡屡跌至冰点的紧张关系也影响了女儿的夫妻感情。前年春节，女婿气冲冲地买了机票自己一个人回老家过年，女儿则拒绝参加任何家族活动，自己带着一岁大的儿子关了门窝在家里。

如今慧慧和先生的关系已名存实亡，和父母的关系也止于“你问三句话，我回答一个字”的冷漠疏离，但她还是斩钉截铁地告诉父母：我不会为自己的选择后悔，而且，我绝对不会离婚。

我坐在不断拭泪的慧慧妈妈对面，心里也难过得很。作为母亲，我太知道这种煎熬是如何地吞噬人心，孩子的婚姻和成长中任何一种选择都不一样，选哪个专业、上哪所大学、找什么工作，甚至交了什么男女朋友，在那个当下也许看起来很重要，但和选择婚姻对象比起来却都是小巫见大巫，因为前面几项的选择即便错了，要付出的代价都还小，但结婚的对象选错了，尤其是又有了孩子，那要付出的代价，不管在任何方面都要沉痛和严峻得多。因此没有任何一个家长在面对孩子择偶时，敢云淡风轻地说："那是他的选择，只要他喜欢就好，我没有意见。"即便有人这么云淡风轻地说了，我敢说，那也是骗人骗己的吹牛。

如何有智慧地给予择偶意见

我不止一次地被媒体或年轻朋友们问到：结婚的对象该不该考虑门当户对的问题？我也不止一次地回答：应该要适当地考虑“门当户对”。因为在差距太大的原生家庭和成长环境中长大，两个人的生命价值观、金钱价值观和成长经验会有很大的不同，而这些差异又关系到对生活的态度和人际交往的模式。所以，尚在恋爱中的恋人在没有真正开始共同生活时，这些差异还不会那么清晰地凸显出来，可一旦结了婚，一旦必须面对爱情落地后的朝夕相处，这些差异就会慢慢地浮上表面，成为夫妻争执的诱因，也为新人与另一半的原生家庭的相处带来一定的困难。

这个道理，我们这些经历过婚姻、有人生历练的长者，是看得非常清楚明白的，但是那些涉世不深的孩子，却会认为我们过于现实势利，或认为这是我们为了拆散他们故意危言耸听。除了门当户对与否的客观事实，我们也能理智地看出来哪个孩子自私不懂得疼惜人，哪个孩子玩弄小聪明容易出事，哪个孩子爱慕虚荣不脚踏实地，哪个孩子娇纵任性将来要吃苦头……这些可以预知的、会导致婚姻困难的"地雷"，身为父母的我们不能不说，也必须要说，但现实的情况往往是我们说了之后反而坏事，反而让他们走得更近，如果我们硬要拆散，也会伤了亲子之间的感情，甚至把孩子往错误的方向推。

所以，在面对孩子的择偶关键问题时，我们怎么聪明而有技巧地给予建议，就是一门为人父母必须严肃以对、好好学习的功课。以下是几个建议您掌握的原则和技巧。

就事论事，不对对方做任何人身攻击

这是必须做到的首要原则，否则讨论的重点会偏移，平白失去了原本可以平心静气讨论问题的契机。如果我们一开始就指出对方的种种缺点，正在热恋中的孩子一定会生气地挺身为对方辩护，我们也会被他/她的顶撞激怒而失去了清晰的逻辑，最后就演变成两个怒气冲冲的人，在非理性的情绪中互相指责，不仅破坏了亲子间的亲密和信任，也会很惋惜地把真正的问题核心给模糊掉和转移了。

我更担心的是，如果孩子把我们的担心当作对对方不公平的指责，甚至是势利眼的偏见蔑视，就会让他/她因反感而对抗得更激烈，而且让这桩原本单纯的恋情，披上了悲壮凄美的色彩，那时两人之间的情感纽带就会因同心协力对抗外力的打压而变得更固执、更冲动。所以，尽力做到就事论事，绝不人身攻击，是和孩子讨论问题时最重要的技巧。

我们可以这么开始：

他/她确实是个很优秀/很上进/很讨人喜欢/很……的好孩子（请自行根据现况填充。请不要告诉我这个孩子毫无优点，如果他/她一无是处，我们的孩子怎么可能会爱上他/她呢），我也看得出来他/她对你很好，你也很快乐，我挺高兴的，也愿意看见你这么快乐。

“不过……”“但是……”——请您留意，这两个词绝对不能出现。

这是心理学沟通上最要命的两个词，一旦说出，它就瞬间把刚才含有正面意义的那一段话给完全反转成负面意义，也把刚才的种种肯定和赞美变得言不由衷。日常生活中，具有权威地位的长辈，例如家长、老师就常常犯这个错误，孩子们也已经习惯爸妈在一段假惺惺的好话之后，一定会用“不过”和“但是”这类否定性的句子来忽略和不悦纳他们的成就。

前阵子我接待了一对关系紧张的母女，女儿讨厌母亲的程度已经影响到她上学的意愿，她故意用辍学来惩罚母亲，完全不在乎赔上的是自己的前途。导致这对母女失和的对抗情绪从女儿懂事后就开始酝酿，据她说，妈妈从来不肯定她，说话也特别难听，不仅对她说话难听，对爸爸说话也很刻薄。母女之间正式“决裂”的导火索是女儿上小学五年级时，有一天上学回来她喜滋滋地给妈妈看她的得奖作文——《我梦想》。

女儿在《我梦想》里写到希望将来成为一名得到诺贝尔奖的天文学家。妈妈看了之后当然是夸了她的文采和志向，但立刻又接着说：不过，你要知道想当天文学家不是只说说而已，你得有学识基础和研究生以上的文凭，以你现在的成绩根本是不可能的，所以你还要加紧学习……女儿那天也许是忍无可忍了，听了妈妈的“不过”之后，她突然大哭大叫，当着一时惊住了的妈妈的面，把书桌上的书本文具全都给摔到地上。从那次之后，哭叫和摔东西就成了母女之间解决争执的固定模式了。

我们来试试这么说：

他/她确实是个很优秀/很上进/很讨人喜欢/很……的好孩子，我也看得出来他/她对你很好，你也很快乐，我挺高兴的，也愿意看见你这么快乐。如果将来你们结婚了（**做积极的假设，也卸下他/她立刻举起盾牌的心防**），妈妈想提醒你的是：你们在花钱的态度上需要多努力磨合；你习惯了城市的生活，到了婆家或婆婆来城里住的时候，你要懂事，不能随心所欲/她是个从小被爸妈捧在手心里娇惯长大的女孩，你得学会承担所有的家务，不能委屈了她；他/她是个孝顺的孩子，结婚后，作为配偶，你得责无旁贷地承担照顾他/她家人的责任……

这些话既是长辈给孩子应有的教诲，目的更是给孩子的心理进行“锚定”（anchored）。

“锚定效应”(anchoring effect)是一个认知心理学上的名词，是指当人们需要对某个事件做定量估测时，会将某些特定数值作为起始值，起始值就会像锚一样制约着估测值，在做决策的时候，会不自觉地给予最初获得的信息过多的重视。举个生活中的例子来说，假设一件好质料的羊绒大衣市售价大约是2000元，如果今天有个品牌宣称只要200元就能买到100%的精纯羊绒大衣，我们心里首先想到的一定是：骗人！假冒伪劣！买回家就上当了！我们之所以会这么想，就是因为2000元已经被根深蒂固地锚定在我们的物价体系里了！

发现这个现象的心理学家特沃斯基（Amos Tversky）和卡尼曼（Daniel Kahneman）就是因为这个理论而获得诺贝尔奖。他们发现：当人们对某件事的好坏做估测的时候，其实并不存在绝对意义上的好与坏，一切都是相对的，关键看我们如何定位基点。而基点定位就像锚一样，它一旦定下了，评价体系也就建立了，好或坏也就跟着评定出来了。

美国亚利桑那大学（University of Arizona U.S.A.）认知心理学研究员诺斯卡弗特（Gregory Northcraft）和尼尔（Margaret Neale）于1987年的著名研究也证实，在房地产交易过程中，起始价较高的交易最后达成的成交价比起始价较低的交易最终达成的成交价显著地高。

所以，我们不是直接指出对方的缺点，而是从积极的角度把潜在的问题，也就是会触发日后危机的“地雷”，以“心锚”的方式，在不知不觉中埋进他/她的心底，成为他/她在日后交往中具有制约能力的起始值，影响他/她对交往对象的评价体系，从而做出自己的选择。请相信我，我总是把这个方法用在自己的儿子身上，而且不管是处理哪类问题，它的成功概率都很高（事后，他总说我是个很奸诈的妈妈）。因为我们让孩子相信我们是和他站在同一阵线，并没有站在敌对的那一方去挑剔或拒绝他的喜好，只是在接纳他的喜好之后，尽责地去提醒和教导他如何去面对可能发生的困难，因此他就能理性地看待问题，并且会在需要时来找我们倾诉或寻求意见。

也许您会担心孩子听不懂我们的弦外之音，或是太单纯地相信别人。事实上，我们的孩子比我们想象的要成熟懂事，也比我们想象的更懂得保护自己，或直白地说，更以自己的利益为优先考量。所以在锚定了今后可能出现的不利于他/她的问题之后，这个问题会自然而然地在他/她的心底发酵，成为他们暗自检视和丈量这段关系的量尺，如果他/她真的从交往中看见了日后出现危机的可能性（别忘了心理学家总说的“对号入座”），自己就会做出是否继续交往的决定了。

永远不要说：“我早就告诉过你了！”

这是一句温度极低、落井下石、往伤口上撒盐的冷言冷语，它所代表的情绪会让被指责的人觉得自己是个很蠢、很笨、咎由自取的失败者，而说这句话的人，则是居高临下、有先见之明、完全不用负任何责任的成功者。除了这个让当事人很不舒服的情绪，每一次我们说这句话的时候，都是在强迫他/她把已经覆盖了一层薄薄纱布的伤口再次打开，再次面对自己的错误和由之而来的痛苦，这对他/她的情绪复原不仅没有任何帮助，也会把原本想靠近父母、从父母身上取暖的他/她往外推。

我知道任何一位家长说这句话的时候，心里一定都淌着泪。哪一个家长愿意看见自己的孩子委屈受苦？哪一个家长愿意在自己孩子的伤口上撒盐？我们不过是心疼、焦急和生气，生怕他/她学不会教训下次再犯同样的错误，所以我们得时不时地提醒他/她，提醒他/她要听大人的话，提醒他/她要睁大眼睛，我们并不是出于恶意，却不知道这本意良善的话给孩子带来了二度的伤害。

我们可以试着这么说：

- 妈妈知道你特别难过，如果有任何需要，你知道妈妈就在这里，随时可以来找我。
- 妈妈相信你是个聪明的孩子，知道接下来该怎么做，如果有任何需要妈妈做的事，就尽管告诉我。
- 疗伤需要时间，每个人的情况也都不同，别在乎别人怎么说，你想哭就哭，想叫就叫，只是得注意身体……需要妈妈陪你做什么的话，就告诉我。
- 失恋（或被背叛、被欺骗……）确实对一个人的伤害很大，也很痛苦，这是漫长生命中的一个很受煎熬的过程，我们得咬着牙扛过去。你知道爸爸妈妈都在你身边支持你，不是只有你一个人在面对它。

从心理情绪的过程来看，我们在处理孩子、自己或任何一个人的受伤情绪时，都需要经过以下几个阶段：

→ **接纳情绪**（失恋确实对一个人的伤害很大，也很痛苦，这是漫长生命中的一个很受煎熬的过程。）

→ **承认并允许疗伤需要时间**（疗伤需要时间，每个人的情况也都不同，别在乎别人怎么说，你想哭就哭，想叫就叫，只是得注意身体……）

→ **提供支持**（爸爸妈妈都在你身边支持你，不是只有你一个人在面对它，如果有任何需要，随时可以来找我们。）

→ **提出解决方法**（妈妈相信你是个聪明的孩子，知道接下来该怎么做，如果有任何需要妈妈做的事，就尽管告诉我。）

安慰孩子的情绪时，我们尽量“别说的话”和“别做的事”

“没关系！”

请别说没关系，怎么会没关系呢？！也许从我们做父母的角度可以看见事情的积极面，因此可以云淡风轻甚至暗地里高兴地说没关系，但对受伤的当事人来说，这个伤口是真实存在的痛苦，是正在流血的过程，怎么会没关系呢？如果我们说了“没关系，会慢慢过去的”这样安慰的话，就是没有接纳他当下的情绪，让疗愈的进程无法开始进行。

“你还年轻，往后的日子还长着呢！”

这句话和“没关系！”一样，是拒绝接纳当下的情绪。孩子当下的伤痛和他年不年轻、往后还有多少日子无关，他/她需要抚平的是眼前正在淌着血的伤口，是当下痛苦不堪的情绪，因此我们需要给他/她的帮助和支持，是如何立刻找一块有效的止血敷布来解决“当下”的创伤，至于如何强壮他/她日后的免疫体质，那就是伤口结痂不再流血之后的事了。

“这种人根本不值得为他/她难过！”

这句话直接否定了孩子曾经的付出和快乐，不仅暗示他是傻瓜，也一笔勾销他曾经拥有的快乐。

事实上我们都知道，任何一段感情都有它积极的一面，也许它后来渐渐地变了味、走了样，但那最初始的两情相悦却是不容争辩的事实，而且这个事实对受伤的一方非常重要，是他 / 她要借以疗伤的苦药，也是他 / 她并非一败涂地可怜虫的证据，这就是为什么被离弃的人总是一再追问“你曾经爱过我吗？”的原因。

所以我们不能残忍地把能帮助他 / 她疗伤的苦药倒掉，即使再苦，也得陪着他 / 她把它喝下。

不需要过度呵护，把孩子当成病人成天守着，或嘘寒问暖刻意讨好

接纳并温暖地表达了我们的支持之后，就要适时收手，给孩子留下自我疗愈的时间和空间，我们的过度呵护和紧迫盯人，不仅会让孩子喘不过气来，也会抑制他 / 她冷静思考的能力，甚至可能造成他 / 她以为大家都在可怜他 / 她的错觉。另外，对于有些被娇惯得不懂事的孩子，也有可能让他 / 她转移焦点，认为造成今天的结果都是家长的错，爸妈的表现不过是在弥补自己的错误罢了！

掌握分际，尊重孩子的隐私

这个原则既适用于我们能追问细节到什么程度，也适用于我们能把这件事告诉多少人。

作为生养孩子的家长，我们得时刻告诉自己：孩子不是我们的财产，他 / 她是拥有主权的独立个体，没有长大成人之前，我们对他 / 她有教养监管的责任和义务；他 / 她长大到法定的成人年龄之后，我们就只有在一旁守护和随时提供支持的权利。我们太深入地介入和追问，对已成年的孩子来说是很尴尬和不尊重的，如果他 / 她愿意多说，我们当然专心聆听；如果他 / 她不想多说，我劝您就适可而止，免得孩子嫌我们烦或干扰了他 / 她原本就已经很乱了的心绪。

至于该把这件事告诉多少人，要不要让奶奶或姥姥知道？最疼爱他 / 她的小姨要不要也来劝劝？我的建议是由孩子来做消息扩散范围的决定，他 / 她决定告诉谁，我们就告诉谁；他 / 她决定不告诉谁，我们就绝对不主动告诉谁。毕竟感情失败不是一件多么光彩的事，我们没有必要让已经受伤的孩子承受另一个层面的情绪伤害。

尘埃落定后的视角转换

我在微博上贴了儿子的婚礼照片后，有将近一千位朋友捎来了祝福，有的称赞儿媳妇大方漂亮有气质，有的夸奖儿子英挺帅气有教养，也有的恭喜我终于荣升婆婆和未来的奶奶，我们都欢喜地接受，也欢喜地期待人生新阶段的开始。许多朋友除了在留言里恭喜我们的儿媳妇很有福气地嫁给了好先生（我们儿子当然也很有福气地娶到了好太太），也问她成为“中国好婆婆”（溢美了！）的儿媳妇之后，压力会不会很大？还问我挑选儿媳妇的标准是不是很高？

我如果告诉您我们的“择媳”标准并不高，那肯定是骗人的瞎话。没有任何一个好不容易把孩子拉扯大，又千辛万苦教养成人的父母，会不在乎孩子结婚对象的条件。自家孩子有高学历的，会在乎学历；家里有钱的，会在乎对方的家庭背景；个子要匹配，年龄要相当，能力性格和人品更是关键。所以是的，我们的择媳标准当然不低，当然会在孩子谈及结婚对象并决定带回家来见见时，紧张不已。

但是，当我们从儿子的眼神中看见他已全心投入，带回来的女孩也落落大方教养良好时，那个当下，我们就明白是时候启动转换频率的程序了。我们得把戴着放大镜检视的频率，转换成戴着柔光镜接受的频率，因为我们既然找不出有违匹配标准的缺憾来拒绝，那就必须过滤掉那些无关大局的小瑕疵。也许年轻的朋友会以为发现了我语句中的破绽，然后追问：所以，您先生和您不是完全满意儿子娶回来的媳妇咯？！

有一定年岁的您，一定会明白我语句中的真意的。中国有句老话——“癞痢头儿子自家好”。不管儿子或女儿带回来的人有多么优秀可人，我们都能在把他 / 她和理想中的对象比较后，找出不足的地方。我们像手里拿着一大本检查簿的严格老师，在无数条检查项目的后方空格里打钩，有的空格我们毫不犹豫地画下了对钩，有的空格我们则希望能再更好一点、更多一点。我们不可能百分百地满意，因为他 / 她是我们的心肝宝贝，我们花了这么多的心血，投入了全部的青春时光，现在到了最关键的点上，难道我们就没有权利为他 / 她选择更好的人生伴侣吗？

这是身为父母的共同心声，坦率地说，也是绝大多数母亲的幽微心绪，但要命的是，就是这种幽微的心绪，阻碍了我们成为更可亲的婆婆，或更容易相处的丈母娘。而更要命的是，一开始我们其实并不打算成为恶婆婆或恶岳母，我们只是在不知不觉中就变成这样的人了！

幸福或苦涩？由我们自己来决定

如果我是在 100 年前，或哪怕是五六十年前写这本书，我的小标题可以是《儿媳妇的幸福或苦涩，由我来决定》，可是早已进入 21 世纪的今天，我们都心知肚明这句话已不再适用。受过教育、有工作能力、能养活自己的年轻人的幸福或苦涩，已不再受任何人的左右，而曾经父命难违的那个年代，也早已消逝无踪，如果我们不能认清这个事实，还以为能左右孩子的意愿，就势必让自己陷入幸福或苦涩的取舍，只是那时，局面就更加难堪了。

我在《我心安处是幸福》那本书里特意写了婆媳之间的相处之道。由于那本书所设定的读者年龄层是在20 ~ 40岁，所以在进行有关相处之道的论述时，我都是从儿媳妇的角度来讨论和给出建议。我在书里写道：男人在面对母亲和妻子之间的战争时，也许在情感上会偏向自己的老婆，但当争执走到势不可挽、必须只能选择一方时，男人通常会留在母亲身边，因为毕竟那是生养他的母亲，所以我建议儿媳妇千万不要尝试去挑战自己的婆婆，因为这会让自己成为失败的那一方。这个道理我至今仍然认同，只是当时我没继续说即使儿子选择了母亲也是怀着怨怼的心的，而这个怨怼的情绪会成为一堵高墙，让母子之间的感情再怎么也回不到从前。

我们都曾经是某人的儿媳妇，也曾经怀着惴惴不安的心走进一个陌生的家庭。年轻的我们，尽管可能比婆婆书读得多，装扮得时髦，或拥有更强的专业能力，但毕竟是没有主场优势的外姓人，毕竟是生活阅历不深的年轻人，哪怕有先生的爱宠撑腰，婆婆的长者气势还是能在无形中制约我们。

因此婆媳关系中有递出和平橄榄枝的地位和能耐的，不是年轻的儿媳妇，而是作为长辈的婆婆。

所以当我儿子确定了结婚对象之后，被网友们溢美为“中国好婆婆”的我，就立刻强制自己换了一副思维的眼镜，我主动和未来的儿媳妇保持微信联系；主动在她独自一人从英国回台湾经过北京时，把她接到家里来吃一顿精心准备的晚饭；主动请她盯着我那有工作狂毛病的儿子早早休息；主动笑眯眯地教她将来怎么接管小家庭的财务……以上种种举措的核心价值在于“主动”而不是“等着”，因为我才说过，只有身为长辈、拥有人际智慧和主场优势的我们，才有“主动”的能力，也才能将“主动”的魔力发挥出最大的效益。

所以，我亲爱的姐妹们，分享或嫉妒？幸福或苦涩？我们得自己先想好了！

和亲生孩子一样吗？还是……？

虽然婆婆去世时，我和先生已经结婚 32 年，但我们婆媳朝夕相处的日子并不长。孀居 40 年的婆婆是位极其独立和有事业心的坚毅女子，她一直独居在台湾中部，既不投靠事业有成、在美国生活的女儿女婿，也不愿搬来和儿子儿媳同住。婆婆生病后，无论我们和姐姐如何苦劝，她都不愿意长住在我们台湾高雄的家，每回在高雄看完病，最多也就休息个几天就张罗着回到自己在中部小镇的家。

婆婆去世前大约 1 个月，先生和我照例开着车把刚出院的她和看护送回中部老家。那天我在家里待的时间比较长，一直到晚饭过后才离开。当我们在高速公路休息站休息时，我打电话向看护了解婆婆饭后的情况，看护在电话里笑着说："唉！奶奶真是太要强了！您在这里的时候，她一直穿戴整齐，等您前脚一走，她后脚就把衣服脱掉，换上松松垮垮的睡衣了。"

这就是从来没和我红过脸、大声说过话，也从来没有向我们或姐姐伸手索取过任何钱财的婆婆，她严守婆媳之间的分际，即使承受着即将离世的虚弱病体，也要打扮整齐，不愿在儿媳面前失去自己的尊严。我曾经自我检讨，是不是因为自己的原因而造成婆婆的压力？但婆婆的追思礼拜后，她最好的闺密、93 岁的阮奶奶却告诉我，我在婆婆口中是个孝顺的好儿媳，她很以我为荣，也很欣慰先生和我的和谐婚姻。她的分际，不过是不希望成为儿子女儿的负担，也不过是不希望在毕竟不是亲生女儿的儿媳面前失去自己的尊严。

我的母亲也是这样的个性，因此我在婆婆和母亲的言传身教下，也正在努力地学习谨守这个分际，而她们所教导我的这个分际不仅仅是诸如穿戴整齐这样的生活细节，还包括言语上和管教上的分际。

婚姻专家们总是告诫我们对儿媳或女婿要像对自己的亲生子女一样，不瞒您说，这句话我只同意一半。我同意我们要像对自己的孩子那样关心和疼爱他们，也同意在遇到小两口有分歧和争执时，尽可能地做到公正和不偏袒护短，但我不同意在这个前提之下或大帽子底下倚老卖老、“肆无忌惮”地说话或指责，因为它一定会招致反感并进而产生问题。女儿或儿子和爸妈吵嘴，当下心中再有不快，事情过了也就过了，但儿媳、女婿和公婆、岳父母吵嘴，就绝对是“说出去的话和泼出去的水一样”，收不回来了！

要不要住在一起？

实事求是地说，这是个很容易就落入“站着说话不腰疼”的话题。俗话说“家家有本难念的经”，西洋谚语也说“太阳底下无新鲜事”，现实生活中有各种各样可能发生的状况和实际需要，因此任谁也没有本事和权力去教导别人一定得怎么做，而要不要和已婚子女住在一起，就是其中的一个为难选项。不过，不管是住在一起或分开来住，一家人总是有很多相处的机会，所以适用的原则也还是一样的。

原则一：不要介入太多，多管闲事

最近，一位已经和父母住在一起长达10年的女孩正面临婚姻的难关。她和丈夫都是留学德国的博士，回国后两人分别在大学里任教，她在北京，先生则被上海知名大学的工商管理学院聘请，两个人原来商量好最多两年就各自试着调往对方的城市，而且每个月两人都会各飞一次到对方的城市过周末，遇到小长假和寒暑假则一起出游度假，当作再度蜜月。

这位还不满35周岁的女孩和先生是大学同学，大学毕业后同时申请前往德国的大学读书，为了稳定军心，两人在出国读书前就举行了婚礼。到了德国后还不满一年，女孩就发现自己意外怀了孕，由于两家父母都希望留住这个孩子，所以女孩已经退休的爸妈就前往德国去照顾继续读书的女儿和伺候月子。

孩子生下来之后，已经喜欢德国幽静生活的女孩爸妈就兴起了长住的念头，一方面可以更好地照顾女儿全家，另一方面也可以悠闲地度过晚年生活。就这样，他们和女儿女婿在一起生活了 10 年，其间女儿生了两个可爱的女儿。

当在科研上颇有建树的女婿得到了上海知名大学工商管理学院的教职邀请后，女儿在发出许多求职信后也得到了北京一所大学的副教授职位，于是两人决定举家迁回国内，而岳父岳母当然也一起回来。回到国内后的岳父岳母并没有表态要和女儿分开住，而人在上海工作的女婿也出于担心妻子一个人应付不了两个年幼女儿的重任而先开了口，于是，老两口就这样顺理成章地继续在女儿家住了下来。

自从女儿和女婿只能每两个星期才能见面共度周末开始，也许是看多了电视剧或进入更年期的妈妈就突然变得疑神疑鬼。她不断地提醒女儿要留意先生的各种生活细节，也常逼着女儿在夜里一两点突然给先生打视频电话，借以查看他到底是不是一个人老实地待在学校宿舍里。有一天深夜女婿果然没接电话，女儿在妈妈疑神疑鬼的情绪压力下也完全慌了手脚，在连续打了几十通电话都没得到回应的慌乱下，她歇斯底里地开始到处给他的同事打电话，一直到第二天早上先生才给她发了条只有简单几个字的微信：昨晚早睡了！

这条既没有温度也没有道歉，更没有多做说明的微信，明显带着不满情绪，如果没有妈妈从旁捕风捉影，女儿收到这条消息后应该可以处理得很好，因为他可能真的是简单地陈述事实；可能是被同事嘲弄而有些动气；可能是被总是在深夜突如其来的电话弄得不胜其烦而借机宣泄；当然也可能是他真的有了外遇而趁机翻脸。以上这几种可能性都能在妻子一通理智的电话后得到解决，但可惜的是，丈母娘坚决认定女婿是有了外遇，昨晚就是在和狐狸精欢度春宵。

当朋友把这位完全找不着方向的可怜女儿介绍给我的时候，她正处在妈妈坚决不允许她示弱，先生又强势地不肯低头的拉锯战之中。她告诉我其实是理解妈妈这看似病态的多疑，因为在她读小学 2 年级时，爸爸就因为被派往外地工作而结识了一名女子，最后这名女子虽然因难产而去世，但妈妈心底的创伤到今天都还没有完全复原，所以她控制不住地把自己的恐惧变成了真实，最后就让它真的摧毁了女儿原本可以和谐完好的婚姻。

在我的婚姻辅导生涯中，也常遇到母亲过多干预女儿和婆家相处的例子。很多女儿不敢回家告诉妈妈和婆婆相处的真实情况，就是因为有些原本只是日常生活中很容易就过去的小小不快，在妈妈的眼里却成为懦弱的女儿被厉害的婆婆欺负。有的母亲干脆气势汹汹地出面干预，有的妈妈则把女婿叫过来痛骂一顿，最温和的，也是在女儿面前说了婆家一些尖刻难听的话。而不管采取了上面哪一种举措，都会给女儿的婚姻制造更多的困难，让她无法冷静清晰地看见自己的问题和采取正确的处理方式，当然也让她骑虎难下更加难以做人。

原则二：不要越俎代庖，自作主张

很多母亲趁着孩子白天都出门上班后，到儿子或女儿家帮忙洗衣打扫兼做晚饭，好让工作累了一天的孩子们回家后有个整齐干净的环境和健康可口的晚餐。这本是无可非议的事，也是母亲对孩子关心和爱的体现。可是有些母亲却在帮忙之余忽略了分际，结果不但辛苦受累，还落得了埋怨。例如：自作主张地为儿子家的客厅沙发挪动位置；自行决定儿子家的哪些墙面该挂上哪些图画，在没有知会孩子的情况下把旧杂志全都卖给了收废品的……这些在母亲眼里看起来微不足道、绝对不至于让儿媳妇摆个臭脸的小事，却不知它恰恰好踩到了儿媳妇最在乎的一条神经——谁才是这个家的女主人？

我们先别责怪现在的年轻人不懂事或个性太强。换个角度想想，如果婆婆每次来我们家都会指手画脚，告诉我该如何打理收拾我自己的家，或趁着我不在家，擅自做主挪动家具，我们是不是也会像有人侵犯了自己的领地一样很不舒服？

我听过的有关婆婆做过的最“离谱”的事是她自作主张把儿子家装的卫星电视小耳朵给拆了，理由是平日儿子儿媳都忙到很晚才回家，根本没有时间看电视，如果他们想看那些外国台，周末回家来吃饭时就可以看了，而且家里装的还是儿子同事当年从国外买回来都是洋文的外国货，质量当然比现在国内制造的要好，再说了，每个月卫星电视的好几百元省下来，都可以买好多日常必需的家用品了。

可以想见，在儿子儿媳发现看不了国外台之后，这位自作主张的婆婆遭遇了什么样的激烈反应。我不知道她在伤心哭诉儿子不孝和吃力不讨好之余，能否意识到这样的冲突其实完全可以避免！

就在前几天我才接到一位女朋友从巴黎打来的电话，她告诉我快被自己的妈妈给气疯了。原来她北京的家一直请了一位师傅负责遛狗和打扫院子，每个月工资 3500 元。可是当妈妈从南方来帮她看房子后，却认为工资给得太高，因此自作主张地把师傅的工资给降到了 1200 元，师傅当然不乐意就辞职不干了。这位已 78 岁高龄的母亲只能自己肩负了遛两只大狗的工作，院子就任其落满黄叶一派荒芜。我那可怜的女朋友在巴黎出差 3 个月期间，不但得担心先生女儿的生活，还得在先生不愿意和丈母娘发生争执的情况下和妈妈打越洋电话吵架，更得担心妈妈会不会在遛两只大狗时摔坏了腿。

所以，很多时候，我们用自己的思维来丈量孩子的生活规划，却不知我们的好意反倒成为孩子们的压力和负担，因此在关爱孩子的前提下，谨守分际，尊重主权，绝对是我们应该留意和学习的功课。

原则三：不要干涉太多，倚老卖老

相信读者们都会同意，最常见的干涉情景发生在隔代的教养上。每次我开放微博在线提问时，都会有备受困扰的年轻妈妈问我该如何应对家中长辈对孩子教养上的干涉和不一致。我给她们提的建议是遵守以下几个步骤：

1. 不要在第一时间就立刻否定。老人家的人生阅历毕竟比我们多得多，所以他们的看法或方法不一定都是无用和过时的。

2. 就事论事，理性讨论，不要情绪化地上纲上线到对孩子“主权”的争夺上。如果这么做了，就会模糊了事件的焦点，不仅伤了感情，也会因此得出并不恰当的结论。

3. 如果确认自己的方法是更可行的（不是对的或错的，而是更可行和更有效的），就要据理力争。

4. 据理力争时一定要注意礼貌和尊重，避免使用“您错了！”“您不知道！”“您的方法根本没用！”“您的方法早就过时了！”等等词语，这类强烈否定和批判的词语，不仅无礼地冲撞了长辈，也会让他们觉得自己是无用的人，为了捍卫自己的权威，他们当然就得更激烈地为自己的主张辩护。

5. 不要拉帮结派，尤其是不要拉着丈夫来反对自己的父母。这对丈夫和公婆来说，都是很残忍的事。我们当然可以全家人一起坐下来讨论，但必须是平心静气地就事论事，而不是拉拢援军的正式宣战。

6. 和长辈讨论有关孩子的教养问题时，最好不要当着孩子的面，否则有可能让孩子感到紧张害怕，或让孩子发现有可以利用的漏洞，这对孩子身心的健康发展都是不利的。

7. 如果在讨论后得出了一致的结论，就要心悦诚服地去执行它，毕竟双方的歧见所针对的只是实行的方法，“为孩子好”的目标则是完全一致的，所以要放下自己的情绪和骄傲，因为在孩子的教养上没有所谓的输赢，只有好和更好、适当与更适当罢了。

如果见多识广的您，也认同我以上这几条给年轻妈妈们的建议，要不要试着把几个主词给换成我们自己，然后在面

对隔代教养的冲突时，也试着这么去做。另外，我也希望您听听我的劝，我们既然已经尽了责任把自己的孩子教养长大了，现在就应该交出棒子给应尽父母责任的年轻人，作为爷爷奶奶、姥爷姥姥，我们就只管乐呵呵地享受“买买买”的含饴弄孙之乐，那些得罪人的事，就交给孩子的爸妈去做吧！

干涉太多也常发生在对子女财务状况的过问上。我们对已婚子女经济状况的关心，当然完全是出于善意。我们担心孩子大手大脚不会过日子，担心他们赚得不多没有存款，担心养孩子的费用越来越高压力太大。我们怕孩子吃苦，所以担了很多的心，但却在不知不觉中忘记了他们已经是一个完全独立于我们的家庭，这个家庭有它自己的财务主权，也有它自己的财务规划，我们可以在一旁审慎地留意，但绝不能直接把手伸入，干涉他们的花费决定。

我说这话绝对没有丝毫的夸张。就在儿子结婚前两周，我们和一对很有学术地位的夫妇一起吃晚饭时，这对已经有 4 个孙子女的爷爷奶奶就好心地传授给我们一个秘诀：让儿子儿媳每个月都把存款簿的最新页面，或银行卡的当月电子对账单复印交给我们看。他们还强调说，为了不让孩子们担心，我们可以不需要看存款簿正本，只要复印件就行，而且我们还要申明，查看只是监督，不会花用他们的钱。

先生和我听完这段话之后，惊讶得面面相觑，我忙不迭地回答：这怎么可能！我们要是真的这么做了，就算儿媳妇客气没跟我们翻脸，儿子就已经先跟我们翻脸了！不行，不行，我们连他们的财务状况都不会过问，更别说要每个月查看他们的存款簿了！

原则四：不要大包大揽，成为保姆

从前在我妈妈那个年代，大部分的女人都有两个以上的孩子，所以在好不容易把孩子们都拉扯大了、熬出头了之后，老妈在既不能也无力偏爱哪一个孩子的情况下，多少都还能享受个清静愉快的晚年。可是现在的情况却正好相反，大部分的女人都只有一个孩子，因此倾尽所有心力，无微不至地呵护，让孩子成了没有生活自理能力的弱者，而已习惯为孩子操所有心的妈妈就只好走哪儿跟哪儿，继续打理照顾。因此现在小伙子娶老婆的大抵情况是：娶个年轻娇美的老婆，再附带送个任劳任怨的老妈子。

妈妈心疼孩子，为工作忙碌的儿子或女儿分担家务，这原本是无可非议任谁也管不着的事。但关键的问题是，我们必须掌握好帮忙的度，不能成为孩子理所应当的老妈子。我身边不乏把妈妈使唤来使唤去的不懂事孩子，我也见多了做起事来毫不惜力，结果把自己的身体都累坏了的老妈妈，而更让我担心的情况是，老妈妈在包揽了所有的家务活之后，虽然内心期待孩子的疼惜感谢，但嘴上却憋着不说，结果把所有的委屈情绪都发在了无辜的老伴或不相干的人身上。

我认识一位朋友们都公认为贤淑善良脾气温和的女士，女儿生了宝宝后，她和先生就把老家的房子租出去，搬到了北京和女儿女婿一起住。她总是勤快地做饭、做家务，也把小外孙照顾得白白胖胖活泼健康。来北京之前，她和先生都在当地的高中教书，收入虽然不高，但起码也是收入稳定、受人敬重的老师，而且老同事和朋友们都知道她是个爱打扮懂生活的人。搬来北京之后，一方面由于各种消费水平比老家高得多，另一方面才刚学会走路的小外孙也离不了手，于是她停止了每个星期到发廊洗头的习惯，也不再像从前那样到美容院做美容护理。

老伴和女儿第一次发现她不开心是在全家外出吃饭的时

候。那天是“十一”长假的前夕，女婿在带着妻小回山东老家看爷爷奶奶前，先请岳父母到外面吃饭。由于假期将至，出来吃饭的人特别多，不但餐厅里挤满了人，门口也还有很多人在排队等座。他们好不容易截住了忙碌的服务员，点好了菜，可是却枯坐在餐桌旁等了将近 20 分钟还不见有上菜的动静。就在女婿准备跟服务员催菜的时候，向来轻声细语的丈母娘却突然用极其不耐烦的口气责问了服务员，而且还动了气摔了筷子。

这个举措吓到了老伴，也吓到了女儿，因为在他们的印象中，妻子 / 妈妈是个温和内敛和要面子的人，不管有多么不高兴也不会在大庭广众前失了颜面，更何况她也非常留意自己在女婿面前的形象。可是那次之后，对陌生人发脾气似乎成了妈妈的习惯，有时是对超市里卖水果的大姐，有时是对不排队买票的壮汉，有时是对服务态度漫不经心的售货员。总之，妈妈仍然对家人轻声细语，可对陌生人却动不动就疾言厉色、大发雷霆。

当这位困惑的女儿向我提起妈妈的转变，并问我该如何调整妈妈的情绪时，我先为她解释了妈妈情绪变化背后的心理动因——作为母亲，我们理应照顾并帮助自己的孩子，这是好母亲的责任，也是好母亲的本分，因此，即使做得再累，我们也不能抱怨，也不能说发脾气就发脾气；但我们也是人，也是有情绪、有需求、有感受的，所以这些疲倦劳累委屈的情绪无法向所爱的人宣泄，就只好对着和我们无关的陌生人发泄了。

我建议这位女儿要和妈妈好好谈谈，不但要谢谢妈妈为她的小家庭做了那么多的事，还要强迫妈妈有照顾自身需求的时间，以及和爸爸单独相处和出门度假的时间。任何一位主妇都知道，家事是永远做不完的，有些家事也是可以等待的，更何况年轻人再忙也不至于忙到完全没有做家事的时间，所以基于锻炼孩子的生活自理能力、教育孩子承担自己的生活责任、避免孩子视父母奉献为理所应当而变得自私自利，以及重视自己的生活品质等种种原因，请不要因为心疼孩子而承揽了原本就不属于我们的工作。

原则五：不要絮絮叨叨，说个没完

我向来认为自己是个非常优秀的妻子和母亲，既懂得如何处夫妻关系，又懂得如何处亲子关系。有一天我们全家坐在沙发上喝茶聊天，儿子提及某位同学的妈妈给了同学极大精神压力的事，我听了立刻自我感觉良好地说：你们看看你们有多么幸福，我就是个不啰唆、不唠叨的太太和妈妈，这种错误我是不会犯的！我这句自我表扬的话说完之后，先生和儿子同时冷笑了两声，然后一起翻着白眼说：你还不啰唆、不唠叨啊！

我相信女人在稍稍有了年岁之后，就容易出现这样的毛病。因为我们比男人容易操心，容易担心可能发生的危险，所以我们总是对心爱的人再三叮咛，像母鸡护卫小鸡那样生怕他们忘性太大。除此之外，容易情绪化的我们也常被情感的大脑牵制，既怕孤独，又怕不再被人需要。我们的老伴当然也有这些情感的需求，只是男人先天就是语言能力比较迟缓的物种，所以不会像我们这样善于用语言来宣泄自己的情绪。

我有一位女朋友多年来一直和自己的父母同住，她和先生都是海外归国的知识分子，对父母嘘寒问暖，孝顺有加。同样也是知识分子的阿姨和叔叔帮了他们很多的忙，不仅能照看偌大的家，还能辅导两个孩子的功课。朋友对能和爸妈同住感到非常的欣慰，也感谢先生多年来对她无怨无悔的支持。不过唯一让她感到有压力的是，妈妈在饭桌上的话说得越来越多，只要一个小小的由头，都能让她接下来不间断地说十几二十分钟的话。

朋友和先生都是身居要职的高管，白天上班要应付各种不同的会议和做出需要绞尽脑汁的决策，因此晚上回到家最希望的，就是能安安静静地吃个晚饭，可是母亲那好不容易逮到机会就说个没完没了的话，却让她感到疲惫不堪和穷于应付。她自己毕竟是母亲的亲生女儿，实在受不了的时候还可以轻声阻止，可怜她那恪守孝道的先生，即使听得快要崩溃了，也尽力地克制自己不能示意岳母暂时停止说话。

后来，他俩想出了一个办法，就是工作日最多只回家吃两次晚饭，周末则认命地“听”母亲说话。当然这个看似解决了问题的办法其实有些无奈，因为他们没法天天回家吃美味健康的晚餐，而爸妈也失去了每天晚上有女儿女婿同桌吃饭、温暖陪伴的乐趣！

所以我暗自决定如果哪天我也成为这样爱说话的母亲，我会尽量去找出可以合理说话的其他途径，例如和不得不忍受我唠叨的老伴说，和同样爱说话的闺密姐妹们说，和在公园里一起锻炼、一起跳舞的老伙伴们说，然后把剩下的话留到孩子们周末不忙的时候再慢慢地说。我这么做，不是妥协忍耐或委屈自己，我这么做，是因为明白孩子正处在人生攀爬的阶段，这个阶段需要耗费极大的心力和精力，也需要有完全放松和静下来的时间，因此作为心疼他们的母亲，我愿意约束自己那不停说话的冲动！

和新家庭的相处智慧

有点黏，又不会太黏的相处模式

每一位父/母在孩子结婚以后，都难免需要一段时间的适应期，虽说孩子结婚前也并不总是在自己的身边，但子女结婚还是会让父母有一定程度的失落感，毕竟从前约了吃饭或出门旅行，只要考虑他一个人的时间，可现在他却必须以自己的配偶为重，不再像从前那样自由。因此做父母的难免兴起感慨，也需要时间去调适自己的情绪。

丁大姐是我年轻时就很羡慕和仰望的女强人，她是世界知名国际品牌的大中华区总经理，旗下有将近 2000 名员工，她相貌秀美，英语流利，60 岁退休时身材还依然苗条。丁大姐的儿媳妇是在美国出生和长大的美籍华人，刚结婚时只会说有限的中文，搬到上海之后口语才慢慢地流利起来。独生儿子结婚后，丁大姐和先生并没有和他们住在一起，两家的距离开车大约需要 30 分钟。

丁大姐知道儿媳虽然是华人，但却有着标准的美国女孩思维，因此和婚后的小两口讨论决定，每周聚两次餐，周六日皆可，哪一顿都行，反正吃饭的钱由爸爸妈妈负责。婚后 5 年之内，儿媳连生了三个儿子，其中两个是双胞胎，丁大姐虽然已经退休，但没有主动提出要帮忙带孩子，只是告诉儿子和儿媳可以把先生和她当成随时可以召唤的帮手。于是他们俩就成了儿子家的 119，哪个孙子感冒了，哪个就往爷爷奶奶家送，小两口有应酬或想享受一下两人世界，就把三个孩子都送到爷爷奶奶家住，不仅想住几天就住几天，爷爷奶奶还管开车接送。

我挺喜欢这样的安排方式，既做到了给年轻家庭提供支持和帮助，也做到了不给年轻家庭近身干涉和监督的压力，更避免了因为走得太近而可能发生的摩擦。所以先生和我也在儿子婚后明确地对小两口说，要不要我们帮忙，帮忙的程度有多大，都由他们来决定，我们只负责尽力配合。至于度假，今后每年我们全家人一起出门度长假一次，一应费用全由爷爷负责。此外，我们还能做到需要时独自带着小孙子女度假，让他们俩在家缓缓，或他们俩把孩子丢给我们，自己轻松出门旅行。

古人说，君子之交淡如水。我们和已婚的孩子之间当然不能完全用相敬如宾的君子之交来等量，我们毕竟是有爱、有关怀、有血缘的亲子关系，而且中国传统文化中为西方人称羡的家庭价值，也一直是家庭成员间重要的支持系统。但是，如果我们能把君子之交的核心观念——尊重对方的独立主权和自我空间——应用在和子女的相处上，我相信就能避免因为太过亲昵而可能产生的窒息感和被控制感了。

要领情，别拒绝孩子的孝心

除了考量该给孩子多少钱，我身边其实也不乏孩子长大了、有了收入之后，想孝顺爸妈却常常被泼冷水的事。

我有个事业非常有成就的女朋友，她在还不满 40 岁时就赚到了人生的第好几桶金，我可以毫不隐讳地说，她现在拥有的钱足可以让她不再工作、游山玩水到下辈子。她是家中 3 个孩子中的老大，也是最有成就的一个，所以很自然地，举凡爸爸妈妈的住房、医疗、日常开销等费用都完全由她承担。她对此毫无异议，也认为这是她应该做的事，可是她的爸爸妈妈却不让女儿在花了钱之后得到应有的成就感和哪怕是一点点的谢意。

每次她欢欢喜喜地带着爸妈下馆子，节俭惯了的妈妈就会在每上一道菜时问：这盘菜多少钱啊？啊？这么贵！我在家只要 3 块钱就能炒出这盘菜来，而且还比它好吃多了，这馆子真够黑的！她知道妈妈是好意舍不得她花钱，可是每次听到妈妈这么说，都让她烦得要命，也让她觉得妈妈不但不领情，反而还在责备她不会过日子。至于她的父亲那就更扫兴了。

由于心疼赚钱没她多的弟、妹，爸爸总想从她身上多拿些钱来资助两个小的。事实上她已经是个很大方的姐姐了，不管是弟弟家的钢琴或妹妹家的美国夏令营都是由她买单，可是爸爸始终觉得她做的不够，甚至认为她有的，两个弟、妹也应该有，她能供自己孩子所念的学校，弟、妹的孩子也应该能上。所以爸爸在餐桌上总是意有所指地说：唉！有这个 10 桌菜，你弟弟的闺女也能上你儿子的学校啦！

因此，每次带爸妈出门对她来说都是一场心力交瘁的事，不带他们出门吃饭或旅游，她心里过意不去，带他们出门吃饭或旅游又一定是生一肚子气败兴而归。她的纠结和为难我相信也是身边许多朋友的共同经验，可能没她父亲的夸张，但像她妈妈那样的情况却不会少见，弄得孩子们要不就谎报价钱，要不就干脆不再出门了。我自己的技巧是，我知道妈妈能承受的心理价格是多少，所以只要超出那个价钱，我就自动删减报低价格，这招既可以应用在外出吃饭上，也可以应用在买衣服上。

其实孩子长大了，有能力又有意愿带着我们出门享受时，我们就要尽情享受，并且一定要让孩子知道我们很幸福很开心，很享受他的能力和孝心，因为我们的悦纳不仅肯定了他的价值，也能成为他继续努力的动力。所以下次孩子再请我们出去吃饭、帮我们买回礼物，或给我们红包时，我们就开开心心地吃、开开心心地玩、开开心心地把礼物和钱收下吧！

不要成为扯后腿的人，让孩子能安心生活和工作

从孩子呱呱坠地那一天开始，我们就一直充当着孩子身后那根坚实的支柱，他知道，只要有需要我们会随时出现，只要跌倒身边也随时会有一双扶持的手，他可以振翅高飞，哪怕翅膀受伤了我们也会在地上张起承接的网。但是在很多家庭里，孩子长大以后，父母却反而成为那个牵制他、令他无法振翅高飞的人，一家人的关系变得很别扭，难以相处，让孩子不知所措。

我相信下面的故事可能正在中国的任何一个城市的任何一个小区的某一栋楼里的某户人家里上演：

李叔叔和李阿姨都退休了，李叔叔是退休老干部，每个月一万多元的退休费。李家有两个孩子，一儿一女，都住在北京，也都结婚有孩子了。自从前年春天李阿姨不小心在浴室里摔了一跤之后，必须坐轮椅的李阿姨就请了保姆在家长期照顾。根据对门邻居的统计，从李阿姨摔伤以来，将近两年半期间李家换了 11 个保姆，最短的做了不到一个月，最长的也没熬过半年。

家里有个正准备高考的儿子的李家女儿，于是三天两头得去家政中心找人，好不容易找到了人还得觍着脸哄着人家忍受妈妈的坏脾气。李家大儿子已经离婚，他那 21 岁的儿子也因为他又娶了个年轻女人而不再和他说话。对于父母，他从来就因为自己乱七八糟的家务事缠身而不太上心，这会儿更因为妈妈老是闹腾而躲得远远的。

和李家当了 30 多年老邻居的孟奶奶说，李家闺女有一回在楼道里看见她就忍不住直哭，她说自己家里有个准备高考的孩子已经忙得她焦头烂额，但她妈妈却总是在电话里哭闹说保姆虐待她，不给他们饭吃。李家闺女看起来憔悴不堪，并且已经下定决心往后只在周日才回家来看看，要不然她自己也会因此而被拖垮了。她真的说到做到，邻居从此只在周日才看见她匆匆回家的身影，而且逗留的时间越来越短，而不再有闺女听她无理取闹的李阿姨，也在老伴脑血栓猝死之后，孤独地坐在轮椅上和来来去去毫无感情的陌生保姆做伴。

相似的故事我们一定听了很多，也一定认为自己将来绝对不会成为这样的人。我们也许是对的，天下哪有父母会成心扯自己孩子的后腿，但有时在我们不经意之间，会不知不觉地以各种形式来掣肘孩子的发展，也许是以动不动就低落的情绪来制约，也许是以查无原因的疼痛来制约，也许是以需索注意力的方式来制约……总之，我们不是成心这么做，但却在害怕孤独的心理动因下，制造了制约的事实。因此，这是先生和我一直相互监督并相互觉察的事，也是我诚恳地提醒朋友们要注意避免的事。

2010年，英国巴耐特郡伦敦镇的镇公所颁布了一项禁令，内容是禁止居民再拿岳母或婆婆开玩笑。

西方人喜欢拿丈母娘或婆婆来当作笑话的主角和题材，少说已经有两千年以上的历史，而且大部分此类题材的玩笑内容都开得非常恶毒和无礼。因此巴耐特郡伦敦镇镇公所才基于“违反孝道和性别歧视”的理由，印发了一本叫《文化体认》的册子，里面明文规定不准镇民再说和岳母以及婆婆有关的恶意笑话，否则将受到处罚。我想，伦敦镇镇公所的这纸明文规定一定事出有因，但它也反映出了一个放诸四海而皆准的事实，那就是和非血缘关系的姻亲长辈相处确实不易，而且不易的程度到了需要用恶毒玩笑来宣泄情绪的地步。

美国一个网站近日整理出10种匪夷所思的“恐惧症”，其中，“婆婆/岳母恐惧症”在诸如“餐桌交谈恐惧症”“假人恐惧症”“照镜子恐惧症”等等恐惧症中名列第4，可见它的普遍性和恐怖性有多么高。作为如此深爱孩子，祈愿他幸福快乐，并愿意为他牺牲奉献所有的母亲，我相信看见自己居然可能成为孩子恐惧症的原因时，心里一定错愕和受伤不已。但我也相信，当我们知道自己可能成为孩子的情绪压力时，一定也愿意修正并调整自己的一些做法来成全孩子的幸福和快乐。所以，姐妹们，让我们共勉，并互道加油！

第三章 重新加热的夫妻关系

在绝对不可能完美、绝对充满挑战的婚姻中，有一个足以对抗它的力量，那就是我们都还深爱着对方！

婚姻是不断进行中的工程

有个流传了好多年，可至今仍然时不时地被拿出来调侃刚退休老公的笑话：某位退休前身居要职的男士，退休后由于不习惯不再有下属拿着公文前来请求批示，于是让太太把每天的菜单放进公文夹里，送交到他的书桌上，等他批复“可”“如拟”“再议”等等指示之后，再到菜市场去买菜。这则笑话虽然已不符合主妇们的买菜现状，听起来也充满了嘲讽的意味，但确实是许多退休家庭的日常生活写照，也许没故事中的老公那么夸张，但内里的落寞况味却是大体相同的。

从婚姻本质的角度来说，任何一桩婚姻都是一项在不断进行中的工程，在大多数的情况下，这项工程会经过两次巨大的转型：第一次是因孩子的诞生而从夫妻关系转变为父母关系，第二次是因孩子长大离家而从父母关系再度转变回夫妻关系。而身处这两项转变时期中的夫妻双方，都会经历情绪的冲击和压力，因此需要重新界定彼此的关系和相处模式，否则就很容易面临婚姻发生质变的威胁。

不过，所有中外婚姻专家都承认，男人在面对婚姻转型时期的适应能力比“为母则强”的女人差，对身心的冲击和压力也比女人大，而“中年危机”“退休症候群”的种种症状在他们身上也会表现得更明显和强烈。专家们一致认为，这和父系社会给予男人的成就动机压力比较大有关，也和男人不善于表达情感有关。

我的父亲是位白手起家的成功人士。他从来没见过自己的妈妈，爸爸也在他 3 岁时就撒手人寰。从小，父亲就跟着他爷爷到处在别人的田里打零工过活，9 岁的一天清晨，父亲发现爷爷身体冰冷地躺在炕上，自此，他就成为完全无依无靠的孤儿。为了生存，9 岁的父亲从山东平度老家出发，花了近两年的时间，一路走到烟台，在那里搭船前往大连投奔他早年离家闯关东的大哥。抵达大连找到亲大哥之后，父亲终于安定了下来，但又在30岁那年，告别待他如父如母的兄嫂，跟着海军造船厂辗转来到了台湾高雄。

从来没有坐在教室里上过学、读过书的父亲，凭着聪明的头脑和认真苦读的自学精神，很快就在造船厂里表现出他的才华，不仅得到长官赏识，娶到了厂长的独生女儿，还得到了10多项很受欢迎的发明专利。靠着这些专利发明所得到的钱，父亲辞去了造船厂的工作自行创业，在很短的时间内就做得非常成功，记忆中，我们家在眷村里总是占据“第一”：第一台彩色电视机；第一辆摩托车；第一辆私家小汽车；第一个搬离眷村宿舍，住进自己买的现代化漂亮公寓里。

父亲在65岁那年，把经营公司的棒子完全交给了长我一岁的哥哥。可是交棒归交棒，父亲的心却永远停留在工作的状态。每天清晨，他会一如从前上班时的样子，穿衬衫打领带别领带夹，然后西装笔挺地坐在客厅里喝茶看报纸，等当天所有的报纸都看完了之后，他就出门用敬老免费票坐公交车，一天只坐一路车，从始发站坐到终点站，再从终点站坐回始发站，然后用小本子记录下沿途行经路线上出现的每一点变化，例如哪家商店正在打折，哪家商店倒闭了，哪块空地准备要盖房子了，等等。

母亲自然就是父亲“公交车侦察”的唯一听众，当然也是不得不参与的唯一听众。除了为父亲准备好热腾腾的午饭，还要在吃午饭时，认真地听取父亲当天早上公交车侦察后的简报，我说“认真地听取”绝对不是开玩笑，因为父亲还会在简报时突击考试，如果母亲没留意听，答不上来的话，父亲就会以“罢吃”来表示不满，也是对母亲不专心听报告的惩罚。

还好“公交车侦察”的工作没有持续太久。大半年后，在侦察完小小高雄市区为数有限的所有公交车路线后，父亲和母亲爱上了旅行，他们几乎结伴参加了所有旅游大陆的旅行团，北到黑龙江与俄罗斯边境，南到广西与越南边境，其间，也去了好几趟美国和欧洲。

由于幼年时期的营养过于缺乏，父亲七十五六岁以后体力明显地衰退，他们不再出门旅行，每天必需的脑力和体力锻炼则改以拌嘴来完成。他发起了一项“不洗澡运动”，用此来向小他整整 10 岁的母亲撒娇，也向他 4 个已成年的子女撒娇。父亲坚称山东老家的习俗是一个人一生只需要洗 3 次澡，而且只有有钱人才能享受过年洗一次澡的奢华待遇。他开始抗拒洗澡，每天和往澡盆里放好热水的母亲进行口角式的拉锯战争，一直到母亲受不了已两三天没洗澡的父亲而打电话给我们任何一个子女求援后，我们就在走进家门时，故意夸张而大声地说："哎呀！爸，你臭死了啦！赶快去洗澡！"父亲这才笑眯眯地跟着母亲到浴室洗澡去。

父亲在 81 岁那年离开我们，去世前一直由母亲一人无微不至地照顾着。父亲去世前的最后那两年，他们的感情变得越来越好，但拌嘴的频率也变得越来越高，好几次我们接到他打来的电话，说和母亲已经谈好要协议离婚，让我们赶快回家为他们办手续。可当我们不急不缓地回到家之后，他又没事人一样地和母亲有说有笑，有次我问他：您刚才电话里不是说要离婚吗？他就顾左右而言他，装作没听见，然后找个话题就把我给支应过去了。

父亲去世后，有一天我们姐妹三人陪母亲在家里聊天，当问到过去几年他们几乎每天都发生的吵嘴，而且几乎都是由母亲来承受压力时，母亲不无感慨地说，你爸爸小时候吃了太多的苦，结婚以后又是个顾家负责任的好父亲，知道他有些大男子主义，脾气就是这个样子，所以我忍一忍也就算了；而且我知道你爸爸绝对离不开我，不管大事还是小事，这个家还是我说了算！

我真心羡慕父亲和母亲长达 49 年的美满婚姻，也佩服母亲面对婚姻的自信和底气。他们两人都不是拥有高学历的知识分子，母亲甚至还是从来没有在外工作过的全职主妇，但他们却在经营婚姻这个大难题上表现出了智慧，他们馈赠给子女和乐的家庭成长环境，让我们一辈子都蒙受恩惠。

通过父亲母亲的晚年生活相处方式，我给先生和自己的退休生活，订了后文中的几项任务，同时也借此机会和读者姐妹们共勉。

建立新的“厮守关系”

就像普天下任何一对从单纯的夫妻关系升格为父母关系的男女一样，我们在有了孩子之后，大部分时间的思绪和谈话内容，都会以孩子为中心。从新手爸爸打电话回家给新手妈妈问的第一句话“宝宝今天吃奶乖吗”开始，我们讨论孩子该不该去上早教班，要不要想办法送进重点小学，怎么处理早晨不起床和拖沓的坏习惯，发现有早恋的迹象时该怎么应对，高考分数不理想怎么办，不喜欢他的交往对象该怎么阻止……在有了孩子之后的至少25年的婚姻生活中，我们是以负责任的父母角色来面对彼此的关系，孩子既提供给我们谈话的主题，也成为构建我们沟通的纽带，我们在这样既紧密又不完全紧密的关系中，适应良好也理所应当。

可是当孩子长大成人，离开他的原生家庭以后，我们之间就突然腾出了一块空地，这块原来堆满了东西的空地一时间让我们既不适应又五味杂陈，甚至还有些微的恐惧。我们因此必须在失落、空虚、担心、忐忑等等让人不知所措的情绪中，慢慢地摸索出一起面对和处理这块空地的方法。是无视或回避这块空地的存在？是想办法搬一些东西来填补它？是两个人都往前挪几步让空地消失？总之，我们决定如何处理这块空地，就也决定了我们从父母关系又重新成为夫妻关系之后的婚姻生活内涵。

我曾经处理过一对中年夫妻的婚姻问题，他们很幸运地有一对龙凤胎，而且夫妻俩各自都有一份任务繁重的工作。由于两个孩子都是早产儿，体质较弱，所以在孩子的幼年成长过程中，他们比一般父母更辛苦一些。好不容易两个孩子进入青春期，身体也健壮许多之后，向来古灵精怪的妹妹又变得非常难管教，因此夫妻俩又不得不常常向公司请假，轮流被老师叫去学校训话。

还好这两个孩子承袭了爸爸妈妈的好头脑，高考的表现很令人满意。几经考虑，哥哥选择了拿全额奖学金远赴香港读大学，妹妹则到厦门念自己很喜欢的专业。两个孩子离家上大学的前一个多月，终于熬到曙光将现的夫妻俩，每天兴奋地为孩子们打理行李，还策划组织了一次全家族的旅行，一行十几人浩浩荡荡地先把儿子送到香港，再把女儿送到厦门，安顿好宿舍并再三叮嘱安全须知。

结束行程后，已然累得虚脱的夫妻俩，终于在结婚 20 年后得以坐在四下寂静、没有任何突发状况需要处理的家里。这样的生活，他们大约只享受了一个多月，之后就被慢慢生出的焦虑情绪所取代。向来认真学习的儿子，到了香港之后，除了一如既往地学习，还投入到各种社团中，忙得只有在深夜才找得到人；本来就爱玩的女儿，在脱离父母的监管之后，更如脱缰野马，往往连续几天都不回爸妈的电话。

孩子在身边时，他们即使忙累，但总还是看得到人，有可以着力的地方。可现在夫妻俩只能对着空气发愁，除了使不上力，和孩子有关的资讯和话题也变得越来越少，而且每次讨论时，两人又都莫名其妙地带着仿佛一触即发的怒气。为了避免不愉快的情绪，他们之间话说得越来越少，即使两人都在家，也都是专注地对着各自的电脑或手机。

孩子离家上大学一年后，丈夫坚称是受到公司的委派，但妻子却坚决认为是先生自行请调，总而言之，不管真相如何，先生被调往上海分公司上班，太太则继续留在北京。起初，丈夫还努力一周回来一次，但慢慢地由两周一次变成了一个月一次，而且每次回到北京，除了一起出去吃一顿饭或和朋友们聚餐，回到家之后，夫妻俩还是安静地对着各自的电脑或手机。

当这位妻子经朋友介绍来找我进行婚姻咨询的时候，她告诉我，她和丈夫对彼此的心意并没有改变，两人在外面也都没有和任何人有感情瓜葛，他们的问题不是谁有了外遇，而是已经不再懂得或忘了如何在无关孩子的情况下继续聊天。过去的 20 年里，他们已经太习惯围绕着双胞胎儿女的问题打转，所以当这两根大柱子一旦被挪走、被腾空了之后，他们就突然失去重心，找不到话题，没话说了！

我给了这位妻子一些建议。首先，要恢复夫妻每两周至少见一次面的频率，也许是先生回北京，也许是太太去上海。可能一开始还是没有太多的话好说，但不能因此就拉远了彼此间的空间距离，因习惯了空间距离的疏远和由之而产生的

“自由感”之后，再要找回亲密感就不是那么容易的事了。

其次，我请她和先生共处时，先从“回忆两人共同记忆中的快乐时光”这个话题开始，话题可以和两个孩子有关，但必须是快乐记忆。这能帮助他们在这个当下身心放松，也能从曾经的共处艰难中找回胼手胝足的亲密感。一旦相处时的身心处于放松状态，又同时沉浸在曾经的美好情绪里，新的、无关孩子的、只和夫妻两人有关的话题，就比较容易展开了。

最后，任何一对夫妻在面对孩子长大离家而腾出的空地时，都得正视它并找出如何去填补这块空地的方法。我们可以找到某一项夫妻共同参与的兴趣或嗜好去填补它；可以增加和共同朋友的相处频率来丰富它；也可以发现并创造新的话题来充实谈话的内容。总之，我们不能漠视它的存在，也不能让它就这么空着等孩子回家来再填满，我们越积极地处理这块空地，这块空地就越不会成为我们之间的问题，而空地上曾经的住户也就越能得到成长后的自由。

当然，每个家庭和每对夫妻的实际情况肯定有所不同，但不论具体情况如何，思考如何建立新的厮守关系，都是在空巢期开始时甚至开始前的重要功课。不过，让人欣慰的是，对毕竟是以爱情为结合的基础又共同生活了 20 多年的夫妻来说，只要我们体认和正视这个课题的重要性，并愿意共同去经营它，那么，一旦着手进行，就会发现它绝对不是一件多么困难的事。

我自己和先生的适应方法是两个人一起出门旅行。不瞒您说，由于我们向来出国度假都和儿子有关，不是借着去英国看儿子之便顺道旅行，就是和儿子约了在哪一个国家碰面，所以临到只有我们俩旅行时，一开始真的会有一点焦虑，心里默默地担心万一一路无话可说、无事可做该怎么办。可当我们真的出门以后，才发现这个担心是多余的，因为旅途中有太多新奇好玩的事可以聊，也有太多当下的感动可以分享，所以儿子开始参加工作的 10 多年间，我俩兴致盎然地结伴游遍了祖国大地，也造访了世界几大洲，而且我们向来是二人行，从不参加旅行团，顶多有儿子儿媳偶尔作为游伴。

所以，别担心也别害怕，只要愿意，有多年相濡以沫的生活经验作为基础，新的厮守关系是很容易就建立起来的。

重新发现彼此

不管我们愿不愿意，很多时候，在我们几乎无法觉察的情况下，婚姻在历经养育子女的重大责任后，两人的自我形象以及对彼此的观点会产生很大的改变，甚至婚姻的本质也会有所不同。我们可能朝夕相处，也熟悉岁月对彼此外貌上的变化和所行经的人生路程，但一旦回复到两人世界，无法再以孩子来回避直面对方的内心世界时，我们是不是还依然能碰触到对方的心跳和了解他的所思所想及所爱?

如果我们不能看见、无法碰触，也并不了解此时此刻最真实的对方，那么，再多的沟通技巧和努力也是枉然，同时也会是造成挫败感和却步不前的原因。因此，在建立新的厮守关系和联结方式时，重新发现彼此，是非常关键的步骤。

在重新发现彼此的工作上，“注意力的转移”是可以先尝试的事。孩子未成年时，身为父母，我们必须把绝大部分的注意力放在照顾他们上，可是，即使他们已进入不再需要我们照顾的成年阶段，哪怕已成家立业，我们还是会控制不住地把注意力放在他们身上。所以，注意力的转移不是我们想象的那么简单，是需要我们“刻意”和练习去做的事。

你可能会说，我一直是很注意他的呀，他每天吃的、喝的、穿的，哪一样不是我给伺候得好好的，我们之间并不存在注意力的问题。是的，这些生活上的注意和关心，我相信是不缺乏的，但我在这里所说的注意力，是指专心地去听对方说话，用心地去理解对方的心情，就像我父亲要求我母亲能回答出他考察公交车路线后所提出的问题一样。

随着先生和我都已步入“60 耳顺”的后中年期，我开始可以理解父亲当年为什么要求母亲专心地听他说话。对许多在职场冲锋陷阵大半生的人来说，后中年期是成就与失望的盘整期，而不管他们对自己的职场表现有多么满意或不满意，“时不我与”都是共同的心声。试想，随着医疗的发达和人们对健康养生的关注，如今届龄退休的人已不再像从前那样老迈，如果智力和体力尚好，但囿于制度又必须把位置让出，其内心的落寞寂寥和不甘心自是可想而知。

我父亲把听人诉说的责任交给了母亲，也把母亲的温柔当成了可以安置心绪的地方。他很幸运，因为有一位自认为对家庭经济没有贡献，只靠着丈夫把全部收入完全交给她掌理的妻子。她很感激，也很知足，所以她无怨无悔地接下了父亲交给她的任务，成为丈夫退休生活中的倾听者，而她的无怨无悔，也成就了她和父亲晚年生活的身心安适和幸福。

不过，不是所有的中老年夫妻都能像我父母那样美满和谐。在我接触到那么多前来请我帮助解决婚姻问题的配偶中，以及我自己身边的朋友中，我最常听见的抱怨是，“他在家好像把我当成透明人一样”“我们两个人没法沟通”“我们之间没有共同的话题”。说这些话的夫妻们并不是各个都正准备要离婚，也不都是不负责任的坏丈夫或坏妻子。他们中的绝大部分，都是对家庭、对孩子、对配偶尽心尽责的好人，只是他们在对配偶尽本分、尽责任之后，不会或不懂得再多做或多说些什么罢了。

如果你告诉我，现在有95%以上的家庭都是这样，没办法，就凑合着过吧！（这是我们公司某位同事的原话）我不能说你是错的，但如果我能说服你至少像我母亲那样试试看，先不要急着对配偶的“怪毛病”嗤之以鼻或不屑一顾，那么你可能就会发现，当我们愿意多花很多精力和付出很多注意力在对方的所思所想上的话，我们能收获的，就是成为赢家，能拥有更幸福和更有滋有味的老来伴生活。

因此，我要求自己，在先生和我重新回到两人相依为命的老夫老妻关系后，必须一直努力地发现并看见他的存在。我相信有些时候它会很难做到，也会很费力气，因为我毕竟与母亲那个年代的女人不同，我有我个人的主观意志和所关心的事，也有远超过母亲的经济条件和独立生活能力，因此让我把思维的注意力从孩子和自己的身上转移，并不是一件那么容易的事，甚至实事求是地说，不是那么心甘情愿的事。

但说到底，这个选择权是在我自己的手上，没有人能左右我，而我的选择又决定了我今后婚姻生活的品质和内涵。因此，我想要的是两个搭伴过日子、话题只围绕着柴米油盐打转的透明人，还是两个能分享生活点滴感动和紧密相依的生命伴侣，就只能由我自己来决定了。

为了能让我们，尤其是更善于管理情绪和表达情感的女人，能更心甘情愿地多做一些，我分享一个一直激励我，也被我到处宣传的真实例子。

我有一位教哲学的英国老师，今年已高龄 95 岁。她和先生相识于 1945 年“二战”刚结束之时，当时英俊挺拔的先生是英国航空公司的飞行员，她则是高挑美丽的英航空乘员，两个人都是那个时代并不多见的高级知识分子，也都有贵族的血统，因此爱得高调，婚礼也隆重盛大。2016 年师丈去世时，他们才刚过完结婚 70 周年白金婚纪念日。

我还记得 2006 年在英国伦敦柯芬园的萨伏依酒店（Savoy Hotel）参加他们结婚 60 周年纪念日下午茶会时，满头银发的老师被学生们起哄着站起来说话，人群中有人问他们相守 60 年的秘诀，老师说，秘诀就只是：妥协，妥协，再妥协！在师丈像个孩子笑得满脸通红的注视下，老师进一步说，也许“妥协”听起来很简单，但如果在长达 60 年的岁月中，你都得守着同一个人，而且还要时不时地控制自己气得想掐死他的冲动，就知道婚姻真的是需要“神助”！

老师举了一个生活中常发生的例子。由于两人的行动力相去甚远，她是个风风火火的急性子，师丈则做事慢条斯理，因此不管是在超市购物、出门参加活动或乘坐各种交通工具购票排队，对她来说都是打磨耐心的考验。有一年两人搭飞机到澳大利亚悉尼的女儿家共度暖和一点的圣诞节，在坐了20多个小时的飞机，从北半球飞到南半球之后，师丈为了“训练”（或惩罚）她的急性子，在经过护照查验时故意选择了排得最长的那一列，哪知道排在他们前面的一大家子人签证出了问题，结果他们硬是在队伍里站了40多分钟！

老师说，也许你们现在听了觉得好笑，或心想这算是什么事啊？！但如果这些鸡毛蒜皮的小事屡屡出现在两人的日常生活中，就不会是面对笑话那么轻松简单了。人群中有人高声问：那你们是怎么继续下去的呢？这时两颊红扑扑、笑得像个孩子似的师丈突然开口说：“因为我们都爱着对方！”

哇！你听见这个动人的答案了吗？任何一桩看似神仙伴侣的婚姻都有它独有的那一本难念的经，但是在绝对不可能完美、绝对充满挑战的婚姻中，有一个足以对抗它的力量，那就是我们都还深爱着对方！

为生活制造惊喜

在进一步阐述这个主题之前，我想先请你做个小小的实验：

请用你的右手，挠挠你右侧的腋窝，痒吗？好，再请你用右手，挠挠你左侧的腋窝，有什么样的感觉？好，现在麻烦你站起来，走到你老伴的身边，用你的右手挠挠他的腋窝，怎么样？他的反应还行吗？

这是个行为心理学上有关“预期效应”的小小实验。当我们用手指挠自己的腋窝时，由于我们对自己手指的动作一清二楚，所以这种确切的预知会阻止痒的感觉。不过有趣的是，当我们用右手挠右侧腋窝时，我们不会有任何痒的感觉，但用右手挠左侧腋窝时，身体左右两侧神经系统的时间差产生了极为细微的不可预测性，于是让我们有了一点点痒的感觉。那么无法预知我们手指动作的老伴，对挠痒的反应如何呢？我相信一定会很激烈。要不，他被你吓了一大跳，身体立刻弹开；要不，他完全无法招架，把身体缩成一团，咯咯地笑。

现实生活中，“预期效应”常常左右我们的选择。例如选择职业的时候，我们会倾向于找那些被公认为安全和具有高度可预期性的金饭碗或铁饭碗工作；选择对象时，我们只敢追求或接受那些我们自认为可以“驾驭”的人，而不敢高攀或挑战我们无法掌握的对象。“预期效应”为我们画出了一个舒适圈，在这个舒适圈里，我们知道向左转会看见什么风景，向右转又会遇到什么危险，我们在这个圈子里感受到从属和存在的舒适，同时也因为熟悉而带来自信和安全。

但是，这个能为我们带来积极心理效应的“预期效应”也有它消极的一面。由预期效应而产生的“快乐适应力”就是其中一个会降低甚至封闭我们享受快乐和感受幸福生活能力的因素。

举个我们都有经验的例子，当我们为家里购置一件好不容易才下定决心购买的物品时，最初的一段时间，我们会非常兴奋，每次看见它也都非常开心。但随着日子久了，我们因拥有它而快乐兴奋的程度会慢慢地降低，享受它所带来的幸福感也会慢慢消失，一直到我们又购买了另一件梦寐以求的物品之后，这样的兴奋和快乐才会再度光临。（这就是奢侈品牌有恃无恐地花大钱砸广告的原因！）

近几年常常被媒体提及，并被公认为是促使婚外情发生的原因之一的“审美疲劳”或“握着老伴的手，就像左手握右手”，就是朝夕相处多年的夫妻，在预期效应所产生的快乐适应力的作用下，让经年累月的了无新意，把惊艳度和享受度都逐次递减的最好例证。

因此，为了不让牵手多年的婚姻生活落入“食之无味、弃之可惜”的乏味境况，我们必须多花一些心思在打破某些一成不变的习惯和制造美丽的新鲜感上。例如，隔段时间就改变一下客厅陈设或家具的摆放位置。（我的一位法国女朋友把这件事进行得太极致，以至于有天深夜，她那刚应酬完并喝了酒的先生迷迷瞪瞪地回到家之后，以为自己进错了哪位单身姑娘的门，惊吓之余，赶紧蹑手蹑脚地关上门离开，回到楼下，再次上楼、开门，再次吓得赶紧离开……最后，几近崩溃的他，才发现原来是他那位太有才的老婆，为了增加情趣，请人把客厅的沙发搬到了卧室，把卧室的双人床搬到了客厅正中央，而当他正惊魂未定地在电梯间和楼道里上上下下地忙活时，穿了一身性感薄纱小睡裙的老婆，已经在客厅正中央的大床上昏睡得不知到哪一个宇宙去了。）

除了像我朋友这样用心制造生活中的惊喜和情趣（她老公第二天气得故意称病，没吃早饭和中饭），在各方面条件许可的情况下，偶尔变换个发型，变换着装的风格，甚至变换餐桌上常出现的菜色，也都是能切断快乐适应力递减效应和增加审美新鲜感的小技巧。当然，在所有挖空心思的变化中，让自己成为一个随时都有新点子、带来新惊喜和新乐趣的人，可能才是其中最让人流连忘返的有效方法。

我记得早年曾经看过一部探讨爱情和婚姻的电影，片名我已经不记得了，但却对剧情和其中的一些对白印象深刻。那是一部描述 3 个大学同班女生，在走出校园后如何面对各自的事业和婚姻的故事。其中一位家世最好、在学校里表现得最出色、人也长得最漂亮的女孩，虽然起步得最早，但是在历经 3 次婚姻后也伤得最重。当她们在 20 周年的同学会上聚首时，这位显见沧桑但风韵犹存的中年女子，向婚姻已迈入第 40 年的女老师请教，她是如何做到让自己的男人只忠于她的。女老师回答说：

“很简单，孩子，你只要成为一本让人读起来很快乐的童话故事书。你的男人可以从阅读这本书的过程中，获得阅读的乐趣，满足天马行空的幻想，激励探索的精神，以及最重要的，他永远不知道翻开的下一页是什么！”

成全对方的兴趣

我用“成全”对方的兴趣，而不是“鼓励”或“参与”对方的兴趣的原因是，成全需要付出更多的努力、耐心和妥协。它不像鼓励那样，只要站在一旁鼓掌打气就行；它也不像参与那样，明明自己不喜欢却要苦哈哈地硬装成喜欢的样子。成全是一种尊重的态度，是一种陪伴的付出，也是一种娇宠的心情。

2013年春节过后，先生和我依照往例，在大部分游客都认为的旅游淡季，去土耳其旅行了三个多星期。那年冬天土耳其的气候有些反常，我们停留在伊斯坦布尔的10天里，天天都下着绵密的大雪。我们居停的精品小酒店就在索菲亚大教堂旁边的巷子里，因此每天出门都要经过大教堂前竖着一座巨型方尖碑的长方形广场。

我先生喜欢摄影，读大三时，他的一帧摄影作品还得过一个蛮重要的奖项。因此每次出门旅行，他都要带着好几个移动硬盘和至少两台照相机，以便每晚在酒店房间把当天拍的照片整理好并全部存进电脑和硬盘里。我们俩合作过一本埃及旅行的书《37 码走埃及》，就是他的摄影作品和我写的文字的集合。

不知道是不是飞翔在寒冬的土耳其博斯普鲁斯海峡上空的海鸥触发了他对拍摄鸟类的兴趣，总之，我们每天在伊斯坦布尔酒店顶楼的早餐室面对着辽阔海峡吃早餐时，他都要对着飞翔姿态优美的海鸥着迷地拍上好久。在酒店顶楼拍完博斯普鲁斯海峡的海鸥之后，他又对索菲亚大教堂前方尖碑上的不知名大鸟产生了兴趣，而且往往为了等待大鸟的最佳起飞和降落姿势，他甚至可以在鹅毛大雪中伫立一二十分钟等候。

对于飞翔在博斯普鲁斯海峡苍茫天空的海鸥，我当然也觉得是极为优雅和饶富诗意的。但我顶多是举起手中的手机，拍几张照片发到微博和朋友圈里分享，不像先生可以为光影、背景、姿势的变化而耐心等候。为了不打断他的兴致，也为了让他安心等候，第二天早上，我带了一本书到早餐室里阅读，在浓浓的热咖啡香气中，我专心地看我的书，他则专心守候着在我看来完全相同的海鸥。等他拍到了满意的画面之后，我们再一起欣赏他刚才捕捉到的得意成果。

在索菲亚大教堂前的露天大广场上，我的任务就比较艰巨。我会在广场旁的咖啡座上等他，为自己，也为他点上一杯厚重的土耳其热茶。我照样就着热茶看我的书，并且时不时为他送去热茶好暖暖他快要冻僵的手。等他终于尽兴地拍完照片之后，我们就一起坐渡轮到对岸的鱼市场吃鲜鱼和贝类海鲜，然后在伊斯坦布尔色彩鲜艳的大街小巷中徒步穿梭。

当我把上述在土耳其的旅行内容告诉我的女朋友们时，有心高气傲的女朋友问我，为什么要这么委屈自己，而且又浪费时间地等他啊？也有务实的女朋友建议我，你们可以先兵分两路各做各的事，然后再在海鲜摊子前会合一起吃饭呀？

我告诉她们——

首先，我们这个年龄段的人最大的好处之一，就是时间充裕，不用做什么事都匆匆忙忙的。

第二，所谓夫妻结伴旅行，就是要拥有时时相守的依偎和对旅行中吉光片羽的共同感动，否则干脆各人参加各人喜欢的旅行团，那不是更加省事？

第三，我并没有委屈自己去做不喜欢和不享受的事，他在做自己喜欢做的事情时，我也在享受我的阅读，我们其实是在彼此陪伴，而不是彼此消磨拉锯。

最后，也是最重要的，如果连我都不能支持他的爱好，那他还能寻求谁的支持呢？

所以，我找到和他一起快乐结伴旅行的诀窍（这是让很多人羡慕的一点），**那就是我们“相随相伴”，而不是“相随相绊”。在他专心拍照时，我不会在旁边摇头叹气或不耐烦地催促，但我也不会无所事事地委曲求全，让他心生不安而不能尽兴。我知道摄影能带给他的快乐和成就，所以我愿意陪着他一起经历这样的时光，让他明白，也让我明白，生活中所有的点滴感动都需要两个人一同分享，而要做到这一点，并不光是凭着会说好听的话，而是要身体力行，真的努**

力去做才行。

前文中我提到过空巢期的空地问题，也建议了处理这块空地的可行方法之一，是找到夫妻共同的兴趣和嗜好去填满它。结伴旅行，是先生和我都喜欢做的事，也是我们两人都能从中得到亲密感以及丰富谈话内容的填满方式。那么，属于你们的是什么呢？

（写到这里，我突然想起一对已经走到离婚边缘，还好最后经过两人共同努力而峰回路转的夫妻的真实故事。故事中的男主角是位喜欢把所有的心事都藏在心里，不喜欢出门，也不喜欢交朋友的标准中年宅男，而他的妻子则是性格活泼，爱说话和爱玩的中年女子。以前孩子还小的时候，每逢周末，他们不得不带着孩子出门去公园、游乐园、动物园游玩，等孩子进入青春期不再需要，也不再愿意和他们一起共度周末后，这位一直不喜欢出门的先生就终于松了一口气，找到了宅在家里的正当理由，往往整个周末假期连家门都不迈出一步。

总是自己独自出门的太太在忍无可忍之下，向先生提出了再不开车带她出门逛逛就要协议离婚的最后通牒，无可奈何的先生只好穿了衣裳、拿着汽车钥匙、坐进汽车、将汽车发动但仍然停在原地之后，转头对太太说，好了，你现在坐车而且出门了！

这个看似笑话但却是真实的故事，最后还是以喜剧收场。由于两个人都没有离开对方的意思，所以妥协的结果是，先生衷心地为妻子出门和朋友聚餐逛街感到开心，妻子也理解先生在忙碌工作了一周后，想趁着周末休息的心情，只是，他们俩约定好，除非出差或偶尔必要的活动，谁也不能在外面过夜，如果有需要过夜的旅行，那就一定是两个人结伴同行，一起参加。）

承担和欣赏

鉴于美国从1980年开始突然跃升至50%的离婚率，1989年，加州伯克利大学的心理学家罗伯特·莱文森（Robert Levenson）和约翰·古德曼（John Gottman），以及华盛顿大学、斯坦福大学的心理学教授劳拉·卡斯滕（Laura Carstensen），共同对居住在旧金山湾区的156对中年夫妻进行了一项纵向追踪调查研究。这156对通过诸如社区中心、教堂、地铁宣传单、地区报纸广告等招募而来参与实验的夫妻，都经过了婚姻初期的震荡，如今都有意愿并准备进入婚姻的中段，并做好了“长期抗战”的思想准备。

这156对夫妻要做的事情很简单，就是每隔5年来一趟伯克利大学的心理学实验室，在实验室里对着研究员讲述过去5年间他们婚姻生活中所发生的各种跌宕起伏。在他们知情并同意的情况下，实验室的墙上几个角度不同的摄像头把他们在讲述和对话的过程中所有的语调声音、脸部表情、细微或明显的肢体动作，以及谈话的主题都记录了下来。

30年后的今天，这156对年龄层分布在60、70、80甚至90岁的夫妻，有一些已经离婚，有一些进入了第二次婚姻，有一些已然去世，而罗伯特·莱文森教授在长达30年的观察研究中，得出了以下结论：

1. 当夫妻用“我们”来讲述婚姻生活情况和看法时，他们对问题的解决能力比较高。

2. 对婚姻的满意度与基因以及表观遗传学有关，也就是和原生家庭有关。

3. 当婚姻遇到困难时，妻子对问题是否能解决，具有较关键的作用。

如今已70岁的罗伯特·莱文森教授，同时发表了下列报告：

●一如大家所理解的，“情绪的稳定性”是维持婚姻关系的重要因素，而15年婚龄，则是让婚姻得以继续往下走的关键年份。婚龄短于15年时，我们还有试图改变对方的强烈动机，但一旦结婚超过15年，我们就渐渐地能以比较成熟的态度去接受配偶的各个面向。

●那些拥有超过40年婚龄，而且现在还在持续进行中的婚姻，大体都有一个共同的特质，就是当他们在描述配偶的工作成就或生活能力时，都语带骄傲，或至少不是表情嫌恶或语带轻蔑。此外，在这些婚姻成功的夫妻中，“承担”和“欣赏”是他们描述婚姻生活时常常出现的词语。

●一个人在婚姻中是否会表现出激情或有像电影情节一样的罗曼蒂克行为，和是否能维系婚姻没有绝对的相关。维系婚姻的能力，和基因有关，也和在原生家庭中观察到的父母的表现有关。也就是说，如果父母的表现相敬如“兵”或如“冰”，那么孩子在自己的婚姻中也会羞于表达感情；如果父母的相处方式和家庭氛围是轻松欢快的，那么孩子在两性关系中也会是调动情绪和营造氛围的高手。

●最常出现在夫妻关系中的两大困难是：第一，沟通。

妻子常常感到自己在情绪上是孤独的；丈夫则感到自己不管怎么做，都不会得到太太的满意和认可。第二，子女问题。子女问题的第一个关键时间点是在孩子刚出生时。那时母亲把全部注意力和精力都放在新生孩子身上，而正值性高峰期的父亲，在觉得被妻子冷落和生理需求不满足的情况下，自然就很容易受到外界的诱惑。第一关键期之后，孩子的教育方式、和父母其中一位的沟通困难、成年后的交友择偶，都会是造成夫妻关系产生歧见的原因。不过，好消息是，只要安稳地度过了第一关键期，父母通常是会站在同一阵线的。

• 那些结婚于 1960 年，如今已八九十岁高龄的夫妻中，妻子绝大多数都是没有外出工作的全职主妇。她们在婚姻的前期和前中期，都属于较弱势的一方，实验室的会谈中由丈夫来决定和引导话题，她们只作为帮衬在一旁回应和附和。但是这群年轻时没有经受过职场高强压力的妇女，晚年时外貌和身体都看起来比丈夫更年轻、更健康，同时在实验室的会谈中，也逐渐成为决定和主导话题的强势者。（**这就是我常常在演讲中提及，并屡屡获得现场老太太们用开怀大笑和掌声来认可的话：当婚姻进入长达 20 多年的晚期阶段时，**

家里的老太太在仗着成年子女撑腰和豁出去的心理情况下，往往比势单力薄的老头儿要厉害得多！）

对于这份常常被婚姻专家们引述或用来作为论述佐证的纵向追踪调查，最让我心仪的部分是夫妻间的“承担”和“欣赏”。

我从念大学二年级开始，就一直利用傍晚的课余时间在外国人家里教小孩们学中文。这些外国人都住在当时台北最昂贵的阳明山别墅区，而除了这些被外派、领高薪的外国人，也有一两户是被高薪聘请回台湾工作的海归精英。

每次我在夜幕低垂时分从别墅区坐巴士回学校宿舍时，总会看见一对外貌和身材都十分登对的华人夫妻，手牵手地在别墅区花木扶疏的路灯下散步，有时只有他们两人，有时还有两个读幼儿园的儿子做伴。请相信我，那对夫妻是当时才刚满 20 岁的我心目中的神，他们看起来是那么的高贵和时髦，是那么的有学问和有教养，又是那么的甜蜜和恩爱。好几次，我从远远的公交车窗户向外痴望着他们，听得见自己的心跳声和逐渐生出的自惭形秽的自卑感。他们是我心目中最成功、最完美配偶的画像，也是我心上暗暗发誓将来要成为的人。

离开学校以后，我一直在新闻媒体上追踪着这对出色的夫妇的新闻。刚开始几年，我还能看见他们同时出现在媒体的报道中，可后来就渐渐变成能力更强的妻子独自发光发热。一直到有一天，当这位已迈向顶峰的妻子成为统领全球近百万员工的知名大企业的总裁，并因此接受电视媒体的独家专访时，她才向媒体坦承自己和先生已经在美国办好离婚手续。当也近中年的女主持人追问她婚姻破裂的原因时，她只是有些骄傲地抬着下巴说："不知道从哪一天开始，我突然就不再欣赏他了！"

那一天，我又听见自己心跳的声音，但那是心脏破成碎片跌落在地上的声音。我把她从自己一直保护得很好的神圣角落挪出，并再次暗暗发誓自己绝对不能成为她那样的人。

发展亲密的友情，成为最好的朋友

我个人认为，这是婚姻生活进程中一个重要的本质上的改变。不过，在这里我们首先需要厘清的是，发展亲密的友情，成为最好的朋友，并不意味着我们不再爱对方，或曾经的爱情已不复存在。事实上，从构成婚姻生活的性角度来看，婚姻的进程包括了以下几个不同的阶段——从热烈的爱情燃烧为炙热的性，然后缓慢地因生理能力的原因而发展为温热的性，最终则从炉火中的余烬成为相依相守的无性老伴关系。

因此，当我们不能再用炙热的爱情表现和热烈的性来解决婚姻生活中的分歧时，我们就需要像和最好的朋友那样，在全然信任、绝对亲密的关系中，开放而坦然地讨论彼此的想法、在意见不同时据理力争。

（其实，这是许多婚姻专家告诫年轻夫妻要尽量避免的事：如果我们遇到问题时，只会用激烈的争吵、眼泪和随之而来炙热的性来解决问题的话，就永远无法建立起理性的沟通模式和能力。这对进入中后期逐渐降温的婚姻性关系时期来说，也是一件比较危险的事。）

每一次回到我们在英国伦敦的家中时，先生和我都喜欢在上午时分到附近的农产品市集中逛逛。我的厨艺很差，所以选菜、买菜的工作都是由先生来负责。我的责任是在市集里东张西望之后，锁定一两对老夫妇作为观察的目标，我喜欢看他们手牵手一起在菜摊前挑选当天餐桌上的食材，也喜欢看他们一路拌嘴，又一路扶持和互相提醒留意脚下堆放的篮筐。

有一次，我在格林尼治公园旁卖面包的摊贩前，全程“偷听和偷看”一对老夫妇的吵架实况。他们为了要不要买一条夹了巧克力酱的燕麦面包而争论不休。老先生说他喜欢面包里有巧克力酱的甜味，要不然老太太每天早上做的煎蛋都淡而无味。他说："我已经忍受了50多年了，我不想再忍受你做的像给监狱犯人吃的塑胶鸡蛋了！"老太太对老先生这番没有良心的抨击丝毫不以为忤，她只是四两拨千斤和更"狠毒"地回答："哦！那好，我们看看你下周一从费雪医师的诊所回来以后，是怎么哭着找妈妈我安慰吧！"

当然，伶牙俐齿的老太太获得了面包战争的胜利，她拿着没有巧克力酱的面包付账时，老先生只是无奈地翻翻白眼、耸耸肩，然后就乖乖地牵着老婆妈妈的手，两人笑眯眯地一起逛下一个卖腌橄榄的摊子去了。

从市集回家的路上，我把偷听到的老先生和老太太之间的吵架对白复述给先生听，虽然知道老先生对太太早餐煎蛋的抱怨是出于撒娇和耍赖，但我还是问先生：我知道我做的饭很难吃，但你敢不敢像老先生那样，那么坦白地对我说？我先生当时并没有立刻回答我的问题，因为不知道这个问题背后是不是藏着会引爆地雷的陷阱。在我认真申明这绝对只是个有关夫妻关系研究的问题之后，他才放心大胆地说：我哪儿敢啊！这不是找死吗？

我当然不能根据先生的回答，就武断地说我们之间还没有建立起互信的基础，但根据他的回答，我们也能理解，毫无挂碍的坦诚和信任是随着婚姻的进程而逐渐建立起来的。对绝大多数的夫妻来说，尤其是对在婚姻前中期处于弱势的妻子来说，当孩子还没有长大成人之前，我们多少会顾忌家庭氛围对孩子成长和学习的影响，也会刻意粉饰孩子对另一半家长的看法。所以我们会把一些真实的想法隐藏起来，把一些已经到嘴边的话给硬生生地吞回去。

但是随着孩子逐渐懂事和理解人情世故之后，我们就不再需要像从前那样瞻前顾后（套用我妈妈的话说：我现在是豁出去了），我们比较敢于和配偶据理力争，也会在越来越长久和稳定的相处关系中，敢于表达自己的真实想法。这个转变乍看之下好像有些危险，但是对婚姻的长久关系来看，却是很有帮助的里程碑。

我们都知道婚姻并不只是靠着爱情就能独立支撑的，当热恋中的情侣组成家庭之后，它还需要许多的理解、不断的调适和一连串的妥协才能继续往前迈进。如果夫妻两人除了彼此相爱，还能成为知心好朋友的话，那么彼此之间就可以因心有灵犀一点通而拥有更深层次的联结关系；因没有沟通的障碍而更享受彼此的陪伴；因不怕爱情的消逝而更有安全感，而且最美好的是，因彼此之间的尊重欣赏和坦诚相见而敢于表露真实的自己。所以，亲密的友情关系就好像是驱动婚姻的另一组备用电源，或保障婚姻永不断电的双重保险丝。

福恩·韦弗（Fawn Weaver）是美国《纽约时报》的专栏作家和畅销书《快乐妻子俱乐部》（*Happy Wives Club*）的作者，她自己的婚姻幸福而美满，因此相信婚姻并不像大部分人说的那样充满了背叛和眼泪。她曾经在自己创建的快乐妻子俱乐部网站中写道："Marriage: Love is the reason. Life-long friendship is the gift. Kindness is the cause. Till death do us part is the length."（婚姻：相爱是它的理由，终其一生的友谊是它的礼物，恩慈是引起它的原因，而至死不渝则是它的长度。）

德国著名诗人和思想家、哲学家尼采（Friedrich Nietzsche）也曾经说过："It is not a lack of love, but a lack of friendship that makes unhappy marriages."（造成不快乐婚姻的原因，不是因为缺少爱，而是因为缺少了友谊。）所以为了我们婚姻生活的长治久安和快乐幸福，我们在关心彼此

是否还像年轻时那样热切的相爱之余，更应该多关心一点经过了那么多年，我们是不是已经成为最好的朋友吧！

在更多的疼惜中，相依为命

我在前面的文章中曾经提到过，由于男人和女人在情感表达方式和情感承受能力上的不同，以及在传统父系社会中成长的男人在卸下职场身份后的调适困难，使得男人在心理上比女人更不能轻松面对子女成年离家的事实。他们也许不说，但他们的失落、焦虑，甚至暗自垂泪，往往要比母亲来得更严重，所需要的身心调适时间也往往更长。

我儿子在英国读大学时，由于伦敦政经学院的校区就在地小人稠的伦敦市区中心，因此没有足够的宿舍可提供给所有需要住宿的学生，所以他从大学二年级开始，就必须在校外单独找房子住。虽然我们在儿子 10 岁时就把他送到英国念书，但他一直是在管理严格的寄宿学校里被很好地照顾着，所以我们并不担心他的生活起居和安全。可是当他必须独自一人在不像英国乡间那么淳朴安全的伦敦市中心租房子住时，我们这才真正地开始担心起来。

实话说，作为母亲，我当然关心和担心儿子的生活起居和安全，但我的担心却远远不如他爸爸来得强烈。如果儿子没有立刻接他爸爸的电话，他爸爸就会在接下来的几个小时之内，锲而不舍地拨打，如果一直到当天晚上睡觉前都还没有接通，他爸爸就会一整夜辗转难眠，时睡时醒地继续拨打直到接通了为止。（我总是对老公开玩笑地抱怨说，和他的关心程度比起来，我好像是个心地恶毒、虐待前妻儿子的狠心后妈！）

有一次（儿子在英国读书生活的25年来也就只有这么一次），超过整整一天的时间儿子都没有接电话，他爸爸在北京急得像热锅上的蚂蚁，于是找了我们也在伦敦念书的侄子，让侄子打电话给他所认识的儿子所有的同学和朋友，并央请侄子从学校翘一堂课，亲自去一趟儿子的住所，趴在窗外往里看，然后隔着越洋电话向姑爹报告他从窗外往里看到的景象。

结果那天的情况是，儿子为了研究生毕业考试而在图书馆里念书，为了节省时间并继续占到图书室里的好位子，他那天晚上就趴在图书馆的桌上睡觉而没有回家，由于手机开的是静音又没有电了，所以就根本没想到他爸爸会打电话来。结果第二天傍晚他终于离开图书馆回家，并把手机充电打开后，才发现手机里有上百通来自他爹、他娘、他表哥、他同学朋友的未接电话，以及他那被姑爹骚扰得烦死了的表哥用各种粗话骂他的短信留言！

根据我不完全的调查统计，和我先生一样紧张兮兮的老爹并不在少数，他们平日处理公事时理性而严谨，但在面对子女的问题时却表现出极为感性的“母性特质”。这当然和他们的自身性格有关，但也和他们强烈的保护本能和责任感有关。因此，在面临空巢期的空虚和失落时，他们的身心和情绪冲击也会比我们想象的，以及他们外在所表现出来的更为猛烈。

我因此总是会和也处在这个家庭结构变化阶段的母亲们说，要承担起建立新的厮守关系，以及引导重新发现彼此进程的责任。因为一来，此时此刻，我们的先生可能正在努力地盘整他自己的情绪而无暇顾及我们的新关系；二来，身为女性，在情绪管理和人际关系的处理上，我们本来也就拥有比男人更好的天赋及能力。

除了面对空巢期种种需要调适的问题，男人在这个阶段也会变得比较敏感和脆弱。他们开始关注自己的外貌，介意越来越稀疏的头发和越来越凸起的肚子。这些关注和介意，不一定是为了吸引女性（有些好事的“专家”，会把这一点视作男人准备出轨的线索，我并不同意，也认为女人并不需要这么吓自己），也不一定是故意和自己的妻子抗衡。他们只是为终将有一天不得不拱手让出的职场权力和代表自己人生价值的工作职位而恐慌，因此，他们把注意力转移到自己的外貌上，但可怜的是，他们又在发现自己逐渐脱发和发福的事实中不断受挫。

另外，中年期的男性之间，也会发生像小孩一样彼此较量的情绪。他们会有意无意地拿对方的头发和体形开玩笑，会显摆和比较各自孩子的成就，也会好斗地比较所积累的产业和财富。女人当然也会这样，但女人从年轻时就已经深谙此道，所以进入中年以后，对邻里或朋友间的较量早就已经洞若观火、刀枪不入了，所以这些因较量而产生的情绪，伤不了我们。但男人就不是这样了，男人会用这些较量的结果来量化和定义自己的成就，也会因为所得到的结果而认定自己是成功者或失败者。

因此，当人们只关注女人面临更年期时的身心和情绪问题时，我却一直呼吁男人的更年期同样值得关注。男人不像女人那样可以被显著的月经变化告知更年期的到来，也没有为推销更年期药物而被铺天盖地的舆论提醒，他们也许确实没有女人停经后因荷尔蒙改变而产生的剧烈生理变化，但却实实在在地和女人一样，也有各种因改变而产生的消极情绪。所以当他在疲于应对自己不良的情绪之外，还必须承受家里的女人举着更年期的大旗来合理化自己的情绪波动时，他们的平均预期寿命不如女人长，就不再是难以理解的现象了！

（根据我国现行人口普查和世界卫生组织的人口调查，发达国家中，女人的平均预期寿命比男人长。而我国 2013 年的调查结果显示，女人的平均预期寿命比男人长达 4.99 岁，而这个差距也在过去的 10 年间增加了近一倍。）

所以，身为各方面条件都比男人宽松的我们，是不是应该在终于熬到子女长大后都比较向着妈妈的优势情况下，多以疼惜的心来关怀比我们更难以面对改变的爱人？毕竟，在这场长达数十年、有着唇齿相依关系的婚姻中，任何一方输了，也就意味着另一方的痛苦和失败；而任何一方获得了幸福，当然也就是另一方的身心安顿和福祉。所以，为了我们所爱的人，也为了我们自己，让我们用疼惜的心，来柔软我们逐渐老后的婚姻生活。

宽心享受温热的性生活

53 岁，是目前世界上所有发达国家都认可的“中年期”年龄分水岭（就在几年前，这个年龄分水岭还是 47 岁）。也就是说，根据身体健康状况的预估值，当今一个 53 岁的男人或女人，眼前还有至少 25 ~ 30 年，甚至更长的岁月可供享受。如果按照中国对年龄的分段，中年期是指 41 ~ 65 岁，而其中，41 ~ 48 岁为壮实期，49 ~ 55 岁为稳健期，56 ~ 65 岁则为调整期。

对于处在这个身体还依然健康、心智还仍然活跃、心中也还有梦想的年龄阶层的人来说，“性”可能是个有些难以启齿，但又不得不思考和面对的问题。一项由中国人口宣传教育中心、上海社会科学研究院，以及一家药品公司共同合作的针对中年人群、通过网络匿名调查、有超过 4000 份回收问卷的研究结果显示，三分之一以上的中年夫妻不满意他们的婚姻现状，而究其原因，有八成以上的参与调查者认为，性生活的满意度直接影响了他们对婚姻生活的幸福满意度。

绝大部分的参与者也表示，影响婚姻幸福的因素中，“和谐的性生活”比“较富裕的物质生活”更为重要。此外，有近 30% 的丈夫和 43% 的妻子表示，受到勃起功能障碍 (ED) 的困扰，是性生活不和谐的主要原因。而受 ED 困扰的被调查者中，有逾七成选择消极应对，认为“是年龄问题，不会采取行动”或“刻意回避话题”，其中又以女性居多。

这项调查和美国的一项调查结果有些近似。在美国一项针对年龄在 45 岁以上、有 1670 位男女各半参与者的调查中发现，43% 的男士对自己和合法婚姻配偶之间的性生活是满意的，而这个比例比 10 年前下降了 10%。女士们的满意度则表现出明显的低水平，只有 28% 的人从自己的性生活中得到满足。当实验者请参与者进一步提出影响他们性生活满意度的原因时，“财务状况的压力”出现的比例高居第一，而“配偶的配合度不高”则位居第二。

有关因年龄而在男女身上出现的足以影响性生活频繁度和满意度的问题，坊间书店和互联网上都已经有大量的书籍和资料可供参考，对如何寻求专科医师或专家们解决问题的方式也多有论述，我在这里不再赘述。但是针对这个问题，我倒是愿意提出一些自己的看法和大家切磋分享。

首先，开宗明义地说，我们必须理解，性生活的需求度和满意度是非常因人而异和因时制宜的。我很不喜欢专家们，或者那些自认为是专家们的人，用硬邦邦的“次数”或“时长”来吓唬人。是的，性生活确实影响了婚姻生活的内涵，但它的影响力并不全然是借由次数或时间长度来决定的。事实上，性生活的品质远远要比次数来得重要，而决定它的品质优良与否，又不全然是靠着是否“成功达阵”这样简单的方式来量化的。

其次，性生活带给男女双方的愉悦感，除了生理上的满足快意，还有心理上和情感上的满足快意。它所带来的彼此相属和身心灵契合，对在平淡婚姻生活中的两人，尤其是经历了 20 年以上平淡婚姻生活的中年夫妻来说，是很重要的爱情催化剂和黏合剂，而这也就是所有的婚姻专家，包括我自己在内，都要提出这个问题的原因。

但是，在实现这项功能上，性生活并不仅仅是单纯的性交，它还包含了之前的爱抚、亲吻，过程中的肌肤之亲，以及之后的相互依偎和拥抱。因此，当我们因为种种的生理或现实原因而无法实现频密的性交时，我们仍然能享受之前和之后的彼此归属和亲密感，并且从这种更轻松、更不具有评价性、更缓慢安适的方式里，得到心灵深度的快乐和满足。

因此，我总是对自己，也对身边那些忧心忡忡的后中年期女性朋友说，别总是盯着有多少次或是否“成功达阵”这些让人泄气的死规矩打转，而是把更多的心思放在我们有没有常常全身心地拥抱对方，有没有热烈地亲吻，有没有温柔地爱抚，有没有慵懒地相互依偎。如果这些我们都做到了，请相信我，哪怕我们的表现不让专家们满意，我们都会是羡煞人间、幸福甜蜜的小爱侣。

◎专题

中年后的第二次婚姻

英国路透社于 2013 年 11 月刊出了一篇有关中国婚姻现况的报道，报道中提及，中国的离婚率已连续 7 年不断地攀升，而其中 2012 年全国离婚率的同比增幅甚至还超过了当年的结婚率。为了因应需求，2013 年，上海市政府将一年一度的相亲活动的年龄上限，从 45 岁提高到了 60 岁，但是尽管有年龄的上限，当天前来参加活动的人群中，还是有超过 70 岁、可是仍然对婚姻有向往的老人。

路透社的记者在活动当天随机采访了几位参加相亲活

动的中老年人，其中有一位 53 岁的女士接受了采访。她对记者说，我女儿今年结婚了，现在只有我一个人住，我觉得很孤单，也很担心将来生病了或老了以后没人管我。我年纪都这么大了，我不需要爱情，只是希望能有个人搭伴过日子。另外一位接受采访的 65 岁女士则说，我和先生已经离婚 10 多年了，我很想再婚，但儿子一直不答应。最近我身体比较差了，所以儿子也就不再拦着我了。

虽然上海市放宽了相亲的年龄上限，但婚姻专家和各个国家的统计数据都对中年后的第二次婚姻抱持着不太乐观的看法。在北京、上海等城市，离婚率从 1980 年的不到 5% 直线上升到现在的 38% 左右，而其中再婚者的离婚率则超过了 65%。此外，在再婚者的离婚率中，中年再婚者的离婚率又以高于 70% 的比例比年轻再婚者高出了许多，而且他们从结婚到离婚的时间跨度的平均值只有 1 年零 7 个月。

对于这个现象，专家们给出了以下解释。

1 第二度婚姻所要面对的现实问题本来就比第一次婚姻要来得多得多。但再婚中年人的共同特性是不管因为离婚还是丧偶，两人都曾经在婚姻中待过比较长的时间，因此对婚姻已经有自己固定的感受和看法，而这些固定的情绪记忆，不论是甜蜜幸福的，还是压抑苦涩的，都会成为再婚后的评量坐标。所以，婚姻中的两人在已经有心理预期和情感参照物的前提下，比较不容易抛弃定见，公平地去对待和接受对方真实的感情。

2 虽然随着年龄的增长，我们应该更有智慧和更宽容，同时也应该从第一段婚姻中学到更多如何维系婚姻的功课。但是中年以后的另一个性格特质却是变得越来越固执和不愿意接受改变。因此在中年再婚又离婚的例子中，不乏因犯了和第一段婚姻同样的错误而再离婚的情况。而且一旦有了第一次婚姻失败的经验后，面对第二次婚姻的阻碍，就更容易做出离婚的决定来。

3 有些中年再婚者的结婚目的明确，或许是为了填满孤寂，或许是为了互相照顾，或许是为了解决经济困难。但不管结婚的目的为何，如果这些目的明确的婚姻并不是建立在爱情或感情的基础上，就容易在遇到相处困难时找不到可以缓和情势的资本和支撑点，而这些基础不够厚实的婚姻自然就很容易崩解了。

4 中年再婚的家庭中，很少有建立家庭经济共同体的需要。他们大多已拥有各自多年的职业收入和银行存款，因此缺少了青年夫妻共同为新家庭打拼的革命情感。而且在许多案例中，有些夫妻在为了保护自己已有财产的情况下，甚至在日常生活的花销上都采取AA制。所以，经济和财务的绝对独立和过度的泾渭分明，也往往成为他们之间很难跨越的情感鸿沟。

5 由于中年再婚的夫妻双方，都可能有前段婚姻所生的子女，而这些子女如今也都已经长大成人。虽然他们不像年轻再婚的夫妻那样，需要处理和调解无血缘关系手足间的纠纷或争宠，但是子女所带来的阻力却可能更加具有破坏力。例如，青春期子女为了惩罚父母的背叛而故意学坏，因学费、结婚、购房等需要而出现的巨额花费，已婚子女和继父母之间对财产的争夺，等等，都可能是导致再婚无以为继的原因。而且根据统计，子女问题和经济问题确实是造成再婚又离婚的最主要原因。

6 出于无法完全以理性来解释的人性，社会舆论，尤其是家族舆论，对因离婚而再婚的人在道德的批判上比较宽容，但对因丧偶而再婚的人，则给予了更严苛和强烈的道德钳制。因此，许多丧偶的中年人在进入第二次婚姻时，都或多或少要背负着“背叛”已逝者的情感负重，而这样的情感负重，也是造成他们无法开怀享受新恋情的原因。

不过，尽管婚姻专家或统计数字都对中年再婚抱持着不太乐观的看法，但我身边还是不乏中年再婚后，从此过着幸福快乐生活的美好例子。因此，中年再婚并不是绝不可行，而是该如何行，才能让第二次婚姻克尽其功，幸福圆满地继续走下去。

首先，坦诚是重要的第一步

坦诚地让对方知道我们对金钱的价值观和对钱财的处理方式、对前段婚姻所生孩子的培养计划和态度、和前任配偶目前的关系、第一段婚姻失败的原因、对这段婚姻的期望、对夫妻亲密关系的理解……这个步骤听起来好像不是那么罗曼蒂克，也不像准备进入婚姻的人应该有的感性作为。但中年再婚毕竟不像年轻人第一次组成家庭，有大把的时间在卿卿我我的两人世界中慢慢磨合，我们在结合后就必须零时差地立刻面对这些问题，所以越是在婚前彼此坦诚，就越能减少将来在这些问题上被绊倒的概率。

其次，共同签署一份婚前协议书

婚前协议书对热恋中的年轻人来说也许是很煞风景和伤感情的，但对已各自拥有财产和子女的中年人来说，却是很有必要的保护。而且，深谙世事的中年人也应该有这样的理性和成熟度去理解它的必要性。再说了，观察对方对签署婚前协议书的态度反应和签署时所关注的事，也能帮助我们更好地决定是不是确定要走进这桩婚姻之中。

再次，结婚后，分清配偶和孩子的主次关系

中年再婚和年轻婚姻的最大不同点在于孩子。让我们实事求是地说，对任何一个普通人来说，要发自内心地疼爱配偶和前妻或前夫所生的孩子是需要时间去培养的，而

且孩子的年龄越小，培养的速度也越快。中年后再婚的夫妻所面对的是已经长大的孩子，所需要的时间和心力必定会更长和更多。如果我们不能理解这一点，还总是把对孩子的关心放在丈夫的前面，就势必会造成配偶的不快和埋怨，进而对婚姻造成一定程度的伤害。

最后，相信爱情是永恒存在和不分年龄的

虽然我们曾经在爱情中受过伤害，但那并不表示我们就失去了爱的能力和被爱的权利。此外，也许我们在现任婚姻的配偶身上找到了前任所没有的优点，但也有可能在他身上看到了前任所没有的缺点，因此我们需要在婚姻中注入爱情的元素，让爱的恒久忍耐和恩慈，帮助我们接纳所有和渡过难关。

第四章 驻颜有术

女人永远都是 100 分，不管我们年龄有多大，我们永远都是 100 分，永远都是最靓丽的明星。

每个年龄段的女人都是 100 分

我从一位女孩那儿得到这样一个问题："如果说 20 岁的女孩是 100 分，那么 30 岁、40 岁、50 岁的女人应该打多少分？"我知道她以为从我这里得到的答案会是随着年龄的增加，分数也应该随之递减。没想到我给出的答案却是：都是 100 分。

是的，女人永远都是 100 分，不管我们年龄有多大，我们永远都是 100 分，永远都是最靓丽的明星。

女人之所以认为自己不是 100 分，或别人认为我们不是 100 分的原因很简单，那就是"我们选错了参照的对象"，误把自己和不对等的参照组放在一起比较，结局当然是凄凄惨惨戚戚，自尊和自信都极受打击。

我也曾经犯过这样的错误，也曾经忘记皮肤细胞更新缓慢、皮脂腺分泌减少、结缔组织逐渐失去弹性、黑色素沉积、肌肉组织渐渐疲惫无法对抗地心引力而松弛下垂，这些是任何一个人都必须经历的自然老化规律。曾经犯错的我，出门逛街时总喜欢把自己和过往行来的年轻女孩相比较，每当看见她们细致光滑的皮肤、平坦紧实的小腹时，就自惭形秽地认为自己又丑、又肥、又老，自信心被严重摧毁不说，还盲目地选购那些身体早已塞不进去的衣裙，弄得每次出门装扮前都还要再被打击一次！

如今，我真的已经学会修正自己对美丽的看法，也学会明白并掌握一个重要的原则，那就是："在随着生命的成长而无可避免地增加的生理年龄中，我保持着在每个年龄阶段中最美好的状态。"没错，不管现今科技如何高明，我们都必须对岁月俯首称臣，也都必须理解并接受岁月留下的印记，但面对岁月催人老的事实时，我们的心态不是放弃自己、束手就擒，而是在无法逆转的流年中，努力地喜欢自己、悦纳自己、保养自己，并且活出属于那个年龄应有的美丽与风采。

因此，我不再害怕眼角的鱼尾纹，也不再害怕逐渐松弛的身体，因为我知道人们不会苛责岁月在我身上刻下的印记，人们只留意我是否在逐渐老去的形体下，仍然保持着甜美的笑容、优雅的姿态、温柔的情怀，以及永不言老的赤子之心。所以我不再和自己过不去，不再被无谓的情绪所干扰，我开始与岁月和平共处并深深地宝爱着自己。

除了在心理上关爱并且悦纳自己，用实际的行动来宝贝自己，也是维持美好非常重要的方法。曾经有人问我，持续的保养真的能对抗衰老吗？我其实不太喜欢具有负面意义的“对抗”这两个字，我更喜欢用“延缓”来描述这个过程。“延缓”指的不是让衰老的进程停止，而是让老化的速度减慢一些，杀伤力减轻一些，心理的承受能力增强一些。

如果，我们每天都能花上一点点的时间照顾自己的皮肤，在涂抹保养品的过程中，不仅让保养品里的有效成分，确实地减缓老化的速度，还能在照顾自己的时间里，和自己安静地独处，享受皮肤被呵护的美好感受，建立关爱自己的积极态度，以及对自己明白地宣示：“我绝不轻言放弃自己！”

正确定义“不老”

有则笑话曾经在好莱坞老一辈的艺人中流传甚广：“一位已整容拉皮成瘾的女艺人，有天在整形手术台上悠悠转醒后发现，她的肚脐眼居然已经被拉到额头上了！”

这则笑话除了含有很大成分的讥讽戏谑，也道出了一个当时整形美容的盲点——你可以借由手术刀拉掉过多的皮（也就是已毫无弹性的皱褶），但你无法用手术刀拯救已经松弛的纤维！

当然，时至今日，医美技术的发展已经不可能再出现把肚脐眼拉到额头上的笑话，对于皮肤松弛的问题也有了这样那样、吃的喝的、注射胶原蛋白的护理方法，而且，拜各大美容护肤品公司的产品推广教育所赐，爱美的女士对保持皮肤弹性的重要性，也有了较为正确和精确的认识。

但是，在这些专业的美容护肤知识的背后，我们是不是真正地理解了一个女人之所以能拥有“不老传奇”的核心精神？而这个核心精神既关乎别人对她的评价，也关乎她对自己的评价？

我绝对是个对“不老传奇”这档事有发言权的女人。原因之一是，我已年过六旬，因此在生理年龄和心理情绪上，对如何让自己维持“不老”，早已产生过强烈的主观渴求；原因之二是，我的专业工作迫使我必须面对许多“如何让女人更美丽”的问题，因此不得不进行一些客观的研究。而我主客观的研究结果，却都不无沮丧地指向一个事实，那就是“不老传奇”只能存在于梦境，现实生活中几乎不可能发生，除非我们愿意改变对“不老”的定义！

那么，根据我个人的主客观经验，我们能企求的“不老”是什么呢？

呵呵，首先，当然是我们得允许自己总有一天会变老。说个不怕您笑话的秘密——我每次在讲台上对学员们介绍自己的年龄时，都会虚荣地等待台下的一片惊呼声：“哇！金老师看起来一点都不像 60 多岁耶！真年轻！”可是我心里明白，台下的观众们可以容忍我的外貌比实际年龄小十好几岁，但却不能容忍我的外貌比实际年龄小二十或三十好几岁！因为这违反自然界的生理规律，也违反人性，因此，如果真是这样，“她一定整容过”，就绝对会是台下舆论的主流。

所以，我们得先对“不老”有个切合实际的期望。我在前文中提到的“找对参照坐标”是我常鼓励自己的话。我不和年轻女孩比，不和杂志上的模特比，我只和与自己年龄相仿、阅历相当的女人比，我会让那些脸上虽有岁月刻痕，但皮肤依然细致、身段依然挺直、双眼依然明亮、笑容依然灿烂的中年女子成为我的竞争对象，并将她们作为我继续为自己的“不老传奇”而努力的坐标。

其次，我会把“需求的标的”弄清楚。永远没有皱纹？嗯，有点难度，除非我从现在开始板着脸，不笑、不亲吻、不说话、不眨眼睛！那保持皮肤的弹性和润泽呢？嗯，这个倒可以努力为之，只要我持续而确实地做好每天的皮肤保养工作，注意健康的饮食和日常作息，那么让皮肤尽可能地保持弹性润泽，绝对是可以达到的。

最后，也是我最爱的部分。你听说过“优雅地老去”这句话吗？你见过那满头银发，但布满皱纹的脸颊上却有着温柔的红晕、智慧慈蔼的眼神、精致合宜的装扮、举手投足间尽显优雅的长者吗？她也许不符合“不老传奇”的外在标准，但只要接近，就一定能让人明白，“不老传奇”的炫目光华指的是什么了！

当然，我的这番慷慨陈词，目的并不在于让女人们都从此朴素度日。事实上，我是个服膺于“身，能不老就尽量不老；心，却一定要年轻”这条金科玉律的人。我定期去美容院做皮肤保养和身体护理，尽可能用在预算范围许可内昂贵有效的日常保养品；我注重以节制的饮食来保持身材，喜欢穿漂亮和显得年轻的衣服；我把自己照顾得很好，日子也过得合理舒适，只要看见额头或颈子上隐隐约约地出现一条皱纹，就会花更多的心思和行动去消灭它。

归根结底，我知道自己要什么，也知道自己在做些什么。我觉得这是我对自己最满意的地方，也是我倍感骄傲自豪之处。曾有很多人苦口婆心地劝告我，把细细小小的眼睛放大，或把平坦的鼻子垫高。他们说，为什么不利用这些成功率已达 100% 的简单小手术来让自己变得更漂亮呢？也曾有很多次很好的机会让我做这些小手术——我说，我绝对不反对这些整形手术，也举双手赞成女人做些必要的努力让自己更美丽。但，关键的问题是，我喜欢我的长相，喜欢我现在的样子，出门时我自信满满、抬头挺胸。那么，对一个女人来说，这不就已经足够了？

聪明照镜子

有些专门以吓人为职志的美容专家设计出了一个如何照镜子的方法：如果你想知道自己 5 年之后的容貌会是什么样子，就把镜子横放在胸前，然后低头看看镜中的自己。不出这些以吓人为职志的专家所料，可怜的女人们低头看见了镜中的自己之后，就一定会在惊魂未定之际，乖乖地买下专家推荐的所有护肤品，更可怜的是，她们回家之后还会鼓足勇气再低头看一次镜中的自己，然后把这影像印在脑海中，继续矮化和诋毁自己。

写出上面这段几近于“泄密”的文字，倒不是为了打击美容专家们的信誉或故意让保养品滞销，而实在是悲悯之心使然。我自己是个和青春貌美已然有一大段距离的女人，我非常清楚地知道：一个已经开始怀疑自己是不是仍然年轻的女子，她的心灵是如何的脆弱和容易受伤害。而且就事论事地说，任何已年过五十，或甚至只年过五十的女人低头看镜子时，脸部和下颌肌肉都难免有松弛或折痕的现象，这是挤压之后的结果，和地心引力和物理作用有关，和年龄虽然有关但并不绝对相关，我们并不需要用这个不甚精确的诊断方法来吓唬自己。

请允许我唐突地说，我发现许多女人即使不低头照镜子，也有本事在正视镜子时为自己的容貌冠上莫须有的罪名。我就认识一位相对于 50^+ 的实际年龄来说肤质已经非常非常棒的中年女性，每次只要见到她，她都能从自己的脸上找出缺点，并正打算着做点什么去消灭它。我曾经问她从什么时候开始有了这个习惯，答案居然是 20 年前生完孩子之后。哇！那就是说，在过去的 20 年间，她一直没有真正地欣赏并享受自己的天生好皮肤，反而是在不断挑毛病的负面情绪中度过。这是多么可惜的精神损失和多么可怜的女人啊！

有关照镜子，其实还有一个大家都耳熟能详的调查数据，那就是几乎 100% 的女人走进电梯后都会不由自主地看看电梯墙上镜中的自己。这项调查没有继续说明照完镜子后女人们的情绪反应，但我敢说没有几个会有好心情的。你想想看，为了节省电费，电梯中的冷色系光源是多么地惨淡可怕，再加上顶灯效应，哪个女人脸上不会照出黑眼圈、大眼袋、法令纹和满脸色斑？所以喽，聪明的美容护肤中心老板们都知道如何在梳妆台的灯上下功夫，让女士们做完美容后照镜子时，在晶晶亮亮、有演色效果的水晶灯照射下，看见精神焕发的自己。

因此，关于照镜子，我的哲学是既不需要莫须有地吓唬自己，也不能过于鸵鸟心态地欺骗自己。我的浴室里有一大面镜墙，镜墙上嵌着明亮的暖色系光源。每天晚上，我用它来检视自己的身体——在 50 厘米距离外，看看鱼尾纹、法令纹、颧骨上的色斑、两颊和下颌肌肉的弹性、大腿外侧的赘肉、小腹的赘肉。请注意，我是在 50 厘米外检视，而不是把鼻子贴在镜子上检视，因为正常来说，没有人会把鼻子贴在你的脸上看你！

我的浴室墙上还装着一小面能放大的圆镜，我用它来检查眼部卸妆工作是否到位，但除此之外不做他途，因为我说了，我不打算用它来吓唬和打击自己。我家的玄关墙上也有一面半身镜墙，镜墙下的台面上摆着我心爱的美丽烛台和缀饰着流苏的仿古台灯，我出门前会驻足于镜前，一方面再次检查自己的装束，一方面对着镜中的自己微笑，告诉自己：哇！你真是太漂亮啦！

驻颜有术

我的相貌在外国人的眼中是挺“貌美”的。从中国人的审美眼光来看，我的眼睛太小，鼻子太塌，脸形太方不够秀气，可是在物以稀为贵的心理作用下，这些却恰恰是最吸引浓眉大眼高鼻尖腮的老外之处。而且，我们东方人的脸部骨骼平坦宽阔，能把脸部肌肉拉撑开，长皱纹的时间也比老外晚得多。所以，我总是很享受在老外圈子里被赞美的快意，并且还时不时地用已经60多岁了，来惊吓那些以为我才40多岁的人。

亚洲女人的先天条件确实比西方人得天独厚得多。也许年轻时我们的优势并不明显，但一旦迈入肌肉量开始逐渐减少萎缩的35岁之后，我们的优势就会被大大地凸显出来，不仅眼角嘴角的细纹出现得晚，就连不如老外丰满壮阔的乳房，也会因为体积较轻，能更久地对抗地心引力。再加上我们全身的骨架和骨盆都比较精致，即使中年发胖，也不会像她们那样一不小心就走了样。所以，我一直告诉自己，也告诉身边的中年女性朋友们，要善用我们自身“不显老”的先天优势，让青春驻留的时间能待多久就待多久。

以下就是我自己努力驻留青春的方法，提供给朋友们一起分享。

别偷懒，尽量动

这是我从我母亲身上看到并学到的最有效的方法之一，也是一旦执行起来就能立竿见影的方法。我曾经细算过母亲一天当中有多少时间是在行动中的，结果发现扣除了睡觉的7个小时、下午茶时光的2个小时、洗澡吃饭的5个小时、清晨和傍晚到公园散步之后，剩下的六七个小时，她几乎都是在移动中——例如，即使已经90岁并且独居的她，每天还是要把150平方米的家用扫帚扫一遍，用拖把拖一遍，所有的家具擦拭一遍，两个卫生间洗刷一遍，手洗衣服，并且拖着菜篮车慢慢地走到市场去买一棵青菜或几个水果。

母亲这么勤于劳动的结果，是她看起来比实际年龄年轻了 10 岁以上，而她向来引以为傲的体重，也在近 40 年间维持在上下 1 公斤的水平之内。我从来没看见她弯腰驼背过，也从来没看见她歪斜地赖在沙发上，即使在来回公园的路上，她也是一面走、一面用两个手掌不断地拍打臀部两侧的肌肉，因为据她说这样能让臀部的外侧肌肉紧实，穿长裤时比较好看，同时也能避免上手臂的肌肉松垮变成难看的“拜拜肉”！

我当然没法像母亲那样用大量的时间打扫庭除，而且因为工作的关系还必须长时间地待在电脑前。但是我会尽量找机会让自己动动，例如去楼层低于 5 层的目的地时，只要条件许可，我会走楼梯而不坐电梯；在机场里一定不走电动步道，而是用和电动步道同样的速度，快步走长长的平面楼道；坚持每天在跑步机上快走 30 分钟或天气许可时在小区里走 1 个小时；不出门的那天，我会在家里上下走楼梯至少 10 次，或故意每上一次楼就只拿一样东西，好强迫自己多走几次楼梯。另外，出国旅行时，我会只乘坐公共交通工具，并且用徒步的方式去认识一座新的城市……

（关于在小区里的 1 小时走路，我正在采用一种现在很流行的“间歇步行法”［Interval Walking］。间歇步行的进行方式是先以正常步伐走 30 分钟，这时最大氧气摄取量将达到 50%；接着，每隔 3 分钟交替一次最大氧气摄取量 30% 的慢步走和最大氧气摄取量 70% 的快步走，时长也是 30 分钟。“间歇步行”的好处是对心肺功能和循环功能的锻炼，此外，对大腿肌肉的紧实和减脂效果也非常好。）

除了尽可能走动，我还从母亲那里学到了，或更确切地说，被鞭策出了不懒散坐着的好习惯。我养成了即使在自家客厅的沙发上，也是端正地坐着，因此好几次在摄影棚的化妆室里化妆时，造型师都夸我比那些年轻艺人坐得挺、坐得直。我的这个好习惯给我带来的结果是，总有人羡慕我的背部肌肉又薄又平坦，腹部和腰部的肌肉也因为长期收紧而不至于太过松垮浮凸，我因此能穿比较年轻和修身版型的衣服，让自己看起来真的比同龄人精神了很多。

许多医学研究也证实了我母亲“别偷懒，尽量动”的理论——

由于体内负责制造肌肉的生长激素的分泌量会随着年龄

而递减，一个人的肌肉量会随着年龄的增长而逐渐减少。生长激素的分泌在 15 岁时达到高峰，20 岁左右开始逐渐下降，50 岁时则只剩下 20 岁时的一半。生长激素又称为“回春荷尔蒙”，除了负责制造肌肉，也和新陈代谢、皮肤含水量、皮肤的紧实度有关。皮肤的含水量在婴儿时期达到高峰，40 ~ 49 岁时只剩下高峰期的一半，60 ~ 69 岁时则再减少一半。因此，在各种抗老化的方法中，如何刺激已趋于缓慢的生长激素的分泌量，一直都是一个重要的话题。

还好根据医学研究显示，运动是刺激生长激素分泌和增加肌肉量、肌力与强壮骨骼的好方法，而且能有效达成这个任务的运动，不是那些剧烈和高强度的竞技运动，反而是那些像走路、拖地、爬楼梯、慢蹲慢起等简单轻松并且每天都可以做的慢运动。所以，在知道了这个回春的简单秘诀之后，我就动得更心甘情愿，也更勤了！

（就在写这篇文章的时候，我看见了一份 2014 年 9 月 4 日公开的研究论文：美国加州大学洛杉矶分校［UCLA］综合生物学和生理学系副教授大卫·沃克和其同事，在公开发表于《细胞报告》［*Cell Reports*］杂志上的研究报告中指出，他们发现当利用手段将关键器官系统中一种名为AMPK的基因激活时，可以延缓整个机体的衰老进程。而运动时的肌肉收缩，可启动与长寿有关的AMPK基因的开关，运动消耗的能量也能够活化细胞内的粒腺体，与回春有关。哦耶！）

不显老态的脸部肌肉操

上文中提到了生长激素在35岁之后分泌开始趋缓的自然生理现象，因此，35岁之后，随着真皮层内胶原蛋白的流失和肌肉量的减少，脸部肌肉也会无可避免地出现松弛和越来越明显的纹路，这些尽显老态的特征如果不及时处理，就会如江河日下，一发而不可收。所以除了每天早晚认真使用针对问题的皮肤保养品，一有时间就做几次脸部肌肉运动，也是我持之以恒的保养方法。（就在写这段文字时，我也正在做我的脸部肌肉操呢！）

1. 预防口轮匝肌的放射状皱纹，以及脸部轮廓的松垮

口轮匝肌是指围绕在嘴巴四周的一片阔而薄的环形肌肉。由于嘴是我们最常用到的脸部器官之一，在经久并大量

的使用下，这片结构脆弱的环形肌肉很容易折旧，而且一旦环状肌肉中出现了一条小小的裂缝，就会拖垮整个轮状肌肉的完整性，在嘴巴四周断裂出显而易见的放射状皱纹来。

另外，由于现代人的生活过于烦扰，工作压力又大，除了常常需要咬紧牙关，睡觉时磨牙，也是许多人常有的“文明病”之一。这两种和臼齿用力摩擦咬合有关的习惯，会造成位于太阳穴的颞肌、从嘴角延伸到两颊的咬肌，以及脖子前侧的胸锁乳突肌变得紧绷僵硬和组织增厚，因此不但会让脸形变宽变大和下垂，有时也会因咀嚼不平均和咬合不密合，而让嘴角和脸形变歪。

所以，为了加强口轮匝肌的韧度、放松紧绷的下颌肌肉，并借由放松肌肉的纤维组织来加速嘴部四周的血液循环，使其得到充分的氧气供应，我每天都会做几十次的嘴部扩张运动，尤其是在早上刚睡醒脸部肌肉还很僵硬时。我的方法是：

- 抿住嘴唇，让两侧嘴角尽量往上扬起。尽量保持这个夸张的微笑表情至少 1 分钟。

- 让嘴巴尽可能张大，先用力往上下拉开，再用力往左右拉开，最后上下左右一起拉开。重复这个动作几次。

- 感受一下整个脸部肌肉，尤其是下颌肌肉的放松感和温热感。如果可能，重复以上两个动作几次。

2. 针对眼睛四周出现的小皱纹，以及上眼皮松弛

随着地心引力经年累月的下坠拉力，脸部还有一块大面积肌肉会因着表情而受到影响，那就是覆盖在额头的纵向肌肉——前额肌。当前额肌僵硬变重时，它会把力量压在眉毛上，使眉毛的位置降低，进而将上眼皮压得下垂，使眼睛变小。所以为了预防并改善这个现象，我每天早上抹眼霜时，会顺便做下列的舒展眉部肌肉动作：

在眉毛四周和太阳穴部位涂上适合自己肤质的眼霜或精华液。

- 用中指指尖抵压住左右两侧眉头，由下往上在定点用力推压。

- 继续将中指放在眉头的位置，但将力度改为在定点处上下移动。

- 将中指摊平，放在上眼皮和眉毛之间，力度平稳但深沉地从眉头往外拉到眉尾。

- 中指回到眉头，抵住眉骨，以锯齿状动作，上下按摩，从眉头走到眉尾。

- 中指从眉头出发，先往上滑向额头，再往外侧滑向太阳穴，最后再沿着上眼皮从眉尾回到眉头。

由以上5个动作组合成一组的舒展眉部肌肉按摩，可视时间和实际需要反复做几次（每一次只需要10秒钟，所以我大概会重复做5次，直到眼霜被完全吸收为止）。不过，对于涂抹眼霜有一个需要注意的事：如果你的眼周循环代谢比较差，容易在眼周出现小米粒状的脂肪颗粒，那就不要在晚上睡觉前抹眼霜，以免熟睡时脂肪代谢缓慢，形成堵塞，造成毛孔口的堆积形成脂肪粒。你可以改成早上再使用眼霜，或改成容易被皮肤吸收的眼部精华液。我个人的眼部保养方法是，早晚都涂抹眼部精华液，但只在早上使用眼霜。

3. 预防眼睛凹陷、黑眼圈和大眼袋

肌肉纤维的主要成分是胶原蛋白，但不幸的是，胶原蛋白很容易因岁月、紫外线和健康而流失。在胶原蛋白本身品

质已逐渐下降难以自保的情况下，眼睛疲劳，深度近视，老花眼，长期戴隐形眼镜，长时间看电脑、玩手机，等等，又都是落井下石造成眼周血液循环不良，肌肉组织重负，进而产生眼睛凹陷、黑眼圈和大眼袋的元凶。

除了用眼部保养品做上述舒展眉部肌肉的按摩动作，食用一些对眼睛有帮助的食物，也是很好的饮食疗法。由于视网膜的 30% ~ 60% 是由 DHA 所组成，含有最丰富和品质良好的 DHA 的食物是沙丁鱼油，而亚麻仁油也可以在体内转换成 DHA。此外，属于类胡萝卜素之一、能被储存在视网膜与水晶体里的叶黄素，有保护眼睛免受紫外线、环境污染所产生的伤害的功能，而菠菜、西兰花、红叶莴苣、青豆、球芽甘蓝、南瓜，都含有叶黄素，其中尤以菠菜中的含量最多。另外，蓝莓、黑醋栗中富含花青素，也确知能缓解眼睛的疲劳。

4. 帮助唾液分泌的按摩动作

很多人不知道唾液除了能帮助食物的咀嚼和滋润口腔和食道，还有抗老化的功能。唾液中含有腮腺激素（或称“唾液腺素”），它是一种生长激素，也是“回春荷尔蒙”。除了进食时花点时间仔细地咀嚼食物、吃些能刺激唾液分泌的酸味食物，如话梅、李子、柠檬之外，我推荐下列 3 个能刺激腮腺激素分泌的按摩动作：

- 闭起嘴，转动舌头。
- 用两指在下颌骨的内侧轻轻地画圈，按摩唾液腺。
- 用两指从耳前开始，往颧骨下方，以画圈的方式，由外往内按摩分布于此的唾液腺。

多吃超级食物

最近几年，经过美国营养学会和研究机构所证实并推荐的“超级食物”（Super Foods）概念，风起云涌，影响了很多开始注重健康养生和抗老化的人士。所谓“超级食物”，是指低卡路里、高营养价值的天然食品，它们有助于对抗岁月刻痕、提升免疫力、预防细胞老化，以及预防文明病。这些超级食品都含有丰富的抗氧化物质，也含有品质优良的维生素、矿物质、氨基酸、叶绿素、生物类黄酮（又称“维生素 P”）等。

最具代表性的超级食物包含：

• 蓝莓、蔓越莓等莓果类水果，以及西梅干（又叫“美国加州梅”）、柳橙、猕猴桃、苹果、石榴、酪梨。

• 番茄、菠菜、小松菜（又叫“冬菜”或“日本油菜”）、西兰花、大蒜、生姜。

• 各种豆类、各种坚果、初榨橄榄油、亚麻籽、全麦粉、肉桂、海藻、鲑鱼、蜂蜜、黑巧克力、绿茶。

我的习惯是每周轮流吃这些超级食物，既不让饮食内容变得太单一，也不会把营养集中在某几个重复出现的食物上。不过，对于食物，我的主张向来是必须享受它们，而且要享受进食的乐趣。在这么多年的心理治疗工作中，我见过很多不快乐的人，而他们的不快乐多半源于不能享受日常生活中的点滴幸福，就像是在餐厅里我们只要一转头就能看见的画面——美食当前，人们却忙着拍照片、发朋友圈、回复评论，结果让进食的悠闲变成紧张的工作，不仅食之无味，消化道也会跟着遭殃。

还有一组超级食物是针对白头发的。（我额头发际线和两鬓每两个多月就几乎盖不住的白发，是提醒我实际年岁的讨厌鬼！）

头发的天然染色剂——黑色素，是由位于头皮毛囊内发根尖端的色素细胞所分泌，它的主要成分为酪氨酸。酪氨酸是氨基酸的一种，大量存在于黄豆粉、烤麸、芝麻、黑巧克力、腰果、杏仁、味噌、香菇之中。此外，缺乏生物素——维生素 H、维生素 B_1、辅酶 R，也很容易生成白头发。生物素存在于大豆发酵出的食品和坚果类之中，但如果没有便秘，且肠道环境良好的话，也能由肠道内的细菌自行合成。另外，铜是能让头发变黑的矿物质，多半存在于章鱼、花枝、鱿鱼、腰果之中。还有，除了遗传，压力、疲劳也会造成头发无法制造出足量的黑色素来。

（值得一提的是一位发型师告诉我的小常识：洗完头发后，不管天气多干或多热，都要用吹风机把头发吹干。原因是如果让头发自行晾干，就等于是让毛鳞片长时间处于张开的状态，很容易造成纤维间水分的流失，让头发变得不滑顺和毛燥。另外，用吹风机时，要先把发根吹干，因为发尾干燥的速度是发根的 4 倍，所以先把发根吹干了，容易分叉的发尾也就不会被吹风机的热风过度干化了。当然，用吹风机时要留意别太靠近和别吹太久。）

除了超级食物，膳食纤维也是我们后中年期女人一定要多多摄取的食物群。膳食纤维有两种，一种是“不溶性膳食纤维”，它不溶于水，但有吸收水分的功效，能增加粪便的体积，并且刺激肠道的蠕动，使排便顺畅。不溶性膳食纤维也能增加我们的饱腹感，不会让我们被“还没吃饱”的感觉骗得再多吃一碗，所以是减肥的好帮手。这类食物的最佳代表为菇蕈类和豆类。（我喜欢把棕色的小蘑菇煸煮了吃，锅里不加油，只加很少量的水，这种方法能让蘑菇的香气非常完整地释放出来。把它和番茄丁、青柿子椒丁、红柿子椒丁、炒鸡蛋装在同一个盘子里，是我最喜欢的早餐食物。既色香味俱全，又营养丰富。）

另一种膳食纤维是“水溶性膳食纤维”，它是好菌——也就是益生菌——的诱饵，能通过促进菌种的平衡，来改善肠道微生态环境的健康，能很好地强化免疫系统。这一类食物的最佳代表是海藻和蒟蒻，而且吃的时候如果能多喝些水，效果就会更好。（超市里有卖小袋装的干海藻，用多一点黄味噌，煮一小锅浓浓的味噌汤，如果愿意，可以再放一些蒟蒻。起锅时撒上芝麻和干海藻，吃饭前，尤其是早饭前先喝一碗，就能先暖暖空了和寒了一夜的胃，也能增加饱腹感。这是我先生的最爱。）

睡得好就瘦得了

睡不好的人容易发胖！令人惊讶的是只要睡得好，睡得正确，每天就能借着睡眠消耗掉 300 大卡。（你知道 300 大卡是什么概念吗？我这样解释吧：我在跑步机上汗流浃背不停地用 5.5 级速度快走 30 分钟，走了 5 公里路，就只消耗了 250 大卡而已！）

日本著名的减重医师佐藤桂子用 25 年的时间，帮助了 3 万名体重已危害健康、必须减重的肥胖患者，其中，有许多病患的情况是只要改善睡眠品质，体重就能很快减轻，而且很多案例是不需要控制饮食或斤斤计较所摄取的卡路里，就能在短短的 12 个月里瘦将近 10 公斤！也许这个说法听起来有些天方夜谭，但实际上，从生理学的角度来说，睡眠确实和肥胖息息相关，而其中的关联因素就是荷尔蒙。

佐藤桂子在著作中指出：我们的身体在睡眠期间除了让器官的休息，仍会继续分泌生长激素（又是它！）。被称为“回春荷尔蒙”的生长激素的功能之一是抗衰老，以及让身体从白天的疲劳中恢复。我们睡得越深，身体就会分泌越多的生长激素，不仅疲劳尽消，还能保养皮肤。

生长激素的第二个功能是消耗卡路里，它分解脂肪的能力大约是一天 300 大卡，所以也被称为是“瘦素”或“瘦蛋白”（Leptin 肥胖荷尔蒙是一种新近发现的蛋白质荷尔蒙，它的功用是调节脂肪储存，加快生物的新陈代谢，抑制食欲，控制体重）。研究数据显示，如果睡得不好，生长激素的分泌量会减少 70%，也就是换算下来，等于一个晚上有大约 200 大卡的脂肪没被分解而囤积在体内！（瘦素除了和肥胖有关，也因为能调节水分的代谢而和中年女人身上最容易发生的水肿有关。）

为了让瘦素分泌良好，佐藤桂子医师提出了“3.3.7 睡眠法”。

1. 必须在深夜 3 点之前进入深度睡眠

晚上 10 点到凌晨 3 点，是瘦素分泌最旺盛的时候，所以必须在深夜3点之前就能达到深度睡眠的状态，才能让瘦素分泌完整。

2. 入睡后要有3个小时的不中断睡眠

由于非动眼期的深眠阶段会在入睡后3个小时内发生，瘦素因此会在入睡后3个小时内大量分泌，之后就几乎不再分泌。所以入睡后的前3个小时是整个睡眠中最重要的时段。

3. 以一天睡足7小时为目标

美国哥伦比亚大学发表的一篇《睡眠和肥胖的关联性》的论文中指出，相较于睡了7个小时的人，只睡5个小时的人的肥胖率会高出52%，而只睡4个小时的肥胖率则会高出73%。

除了遵守“3.3.7睡眠法”，睡觉时把室内的灯全部关掉，也能帮助褪黑激素的分泌。褪黑激素除了能诱发深度睡眠，也是已知的抗癌荷尔蒙。（卧室里不要有像太空舱里的那种星星点点的电子设备电源，它们除了无法让室内完全黑暗，还会释放电磁波，干扰我们的大脑和睡眠质量，让我们即使睡了，起来时也会觉得很疲倦。）

多泡澡，少淋浴

我喜欢泡澡，冬天一个星期至少泡 3 ~ 4 次，夏天一个星期也最少会有 1 次。如果到外地出差，不敢用酒店里的浴缸泡澡，我也会把大毛巾铺在浴缸边上，在注了水的浴缸里滴入自己随身带着的精油和有理疗功能的浴盐，然后坐在浴缸边上，悠闲地泡上 15 ~ 20 分钟的脚。

泡澡的好处很多（如果没有泡澡的条件，泡脚也是一样的）。首先，它能够降低身体的“深部体温”。所谓深部体温，指的是内脏器官的温度，它和从腋下或口腔里测得的体表温度不一样，一般会高出 3 ~ 5℃。深部体温从夜里到凌晨呈逐渐下降的趋势，凌晨 4：00—6：00 到达低谷后又开始慢慢回升，一直到 16：00—18：00 达到峰值。这个体温变化周期和人的睡眠节奏有密切的关系。

科学家的实验证实，一个人深部体温峰谷的差值幅度越大，深度睡眠的时间就会越长，睡眠质量也就越好，当然能减脂和减水的瘦素分泌量也会越多。

也许你会觉得奇怪：不对呀！我泡澡后身体的温度不会

降低，反而会觉得热乎乎的呀？！是的，泡澡后我们确实会觉得身体暖和很多，但那是因为内脏器官的温度开始下降，所释放的热度发散到身体表面，所以我们体表的温度确实是升高了，但深部的温度却是降下去了。

那么，怎么泡澡和什么时候泡澡才能最好地降低深部体温来进一步帮助睡眠和瘦素的分泌呢？

答案是在睡前一小时，悠闲地享受10分钟以上、38 ~ 40℃水温的温热浴。如果不方便泡澡，也可以把水温升高1 ~ 2℃，用来泡脚和泡手。（请一定留意，水温和泡澡的时间长度对睡眠质量的影响很大，如果水温太高，或泡浴的时间太长，就会兴奋交感神经，交感神经一旦受到刺激，不但会影响入睡时间，还会让睡眠中断，即使睡着了，也会在半夜醒来，然后就很难再入睡了。）

泡澡时我喜欢滴入精油和有理疗功能的浴盐。精油的选择可根据自己的身心情况，檀香木、罗马甘菊、橙花、马乔莲、薰衣草、杉木、甜橙都是能放松心情、帮助睡眠的植物精油，只要选择其中一种或至多三种，总数滴入12滴在浴水内和匀就行。浴盐我则喜欢用两大把英国的天然镁盐，用它来舒缓压力和净化排毒。镁盐泡澡也能让皮肤吸收矿物质，去除老旧角质和活化肌肤。不过，由于镁盐排毒效果较强，泡澡时间建议不超过 20 分钟。

泡完澡，用大毛巾擦干身体之后，我会趁着身体皮肤还有些湿热，立刻抹上身体按摩油，或者把身体按摩油滴在身体乳液里抹在皮肤上。这时，原本感觉油腻的身体按摩油会立刻乳化，变成质地清爽、很容易被皮肤吸收的水溶性质地，而且身体皮肤完全干了之后，不会觉得油腻，还会有十分柔软细滑的触感。

另外，含有芳香精油的泡澡水我一般都不会倒掉，而是用来刷洗马桶和拖地。所以经年累月下来，每个朋友到我们家来，一进门都会问我是不是点了什么香薰精油蜡烛，因为我们家的地面上和空气中总是飘浮着美妙的精油香气。

只用好东西

我知道这个标题乍看之下好像很骄傲和拜金，但如果你愿意给我一点机会，继续把下文读完，你就会发现它既不骄傲，也不拜金，反而还很经济和有道理呢。

“只用好东西”是我从母亲身上学到的另一个重要的生活哲学。我曾经像所有的年轻人一样，喜欢买便宜的东西——便宜的衣服，便宜的首饰，便宜的鞋……每一季我都会给自己添置一些当时流行和时髦的物件，这些东西，尤其是衣物，大抵只能穿一年甚至一个季度，换季时，我把它们都好好地收起来，可等到明年拿出来再穿时，却发现哪哪儿都不对劲：要不因为材质不行，起了毛球；要不就因为洗了几次，颜色都已经不漂亮了。所以我的衣橱里总是塞了一大堆“食之无味，弃之可惜”被我妈称为“破烂”的衣服！

我妈妈的衣橱就不一样了。她的衣服不多，可一件就是一件，而且都是面料好、做工也好，能穿好多年而不过时的好东西。妈妈没学过什么服装设计，也不知道什么叫服饰搭配学，但她却很有购买的智慧和经济头脑。最让我印象深刻的是她的几条长裤——有像子夜一般墨黑的丝绒面料，有深灰色的斜纹软呢面料，还有一条春夏季的浅棕色细麻面料。这几条长裤起码在她的衣橱里待了 10 年以上，但每一次妈妈穿着它们时却好像新的一样，既挺括，又时髦。

妈妈还有几身针织和羊绒的开襟套衫，都是浅粉红、浅灰、浅棕、墨绿、深蓝的素色，这几件开襟套衫我也见过她穿了不下数十次，每一次都会搭配不同花色和材质的丝巾。由于近几年妈妈年纪大了，不再像从前那样乐意出远门，所以几年前她正式对子女孙儿们宣布：我的衣服已经够多了，开襟套衫也穿不完了，你们如果还要送我礼物，那就送丝巾吧！（凭良心说，送妈妈礼物不是一件容易的事，她的眼光很高，太讲究，用东西又有些挑剔，所以几个孙儿辈给奶奶或姥姥买礼物时，都知道要先问问，而且要买好东西！）

我从妈妈身上学到的穿衣和购衣哲学是：当我们年龄渐长，身材不再像年轻时那样穿什么都好看时，版型和面料就是决定一切的因素。好的版型，例如立裁打版制板的衣服，虽然价格比较贵，但穿起来能遮掩和修饰身材的缺点，你既不需要穿了它还得屏着气缩胃缩肚子，也不会在腋下和胸罩肩带处勒出一条条让人难堪的赘肉。穿了好的剪裁和面料的衣服，你可以优雅从容，充满自信，而这些积极的心理素质，都是已进入人生中后段的我们所迫切需要的。

另外，我妈妈还告诫我们几个姐妹说，中年以后，女人的“贵气”和“富态”是很重要的。好的衣服穿上身，旁人一看就能从它的色泽、触感、光泽度、肩部和腰线的剪裁觉察出它的价值来。这些价值感能提升别人对你的评价，也能增强别人对你的印象。

所以大约从 45 岁开始，我就把从前买 5 件衣服的钱攒着去买一件能穿很久和体现价值的好衣服，也不会买廉价首饰，而把预算存着花在能保值的珠宝上。现在，我衣橱里衣服的增长速度比从前缓慢得多，但每一件都是我能大大方方穿出街的衣物，而且我发现当有了几件品质良好的基本款之后，例如打底素色针织套头衫、白衬衫、素色连身裙、黑色百褶裙，我只要再添购一些有当季流行元素的配饰或外搭，就能很轻松地搭配出既时髦又有品位的衣服来。

母亲的“只用好东西”哲学，同样也强调在鞋子的选择上。母亲说，女人只要鞋穿得舒服了，走路时腰自然就挺直了，而且还步履轻快，有年轻人活泼的气质（这是我娘亲的原话）。所以每次陪妈妈上街买鞋，都是一项耗费时间的大工程，她会注意鞋的楦头在美观之外，还够不够

5 个脚指头的舒展；会注意鞋帮子跟不跟脚，免得走路时得使劲去提着它，既累又不姿态优雅；还会注意鞋子的皮面容不容易擦拭，因为她不能忍受穿着脏兮兮的鞋出门；当然，最后，是一般老太太们绝对不会注意的，有没有能增加小腿修长感的几厘米高的粗鞋跟，让她如今缩到只有 1.53 米的身高，看起来高挑一些！

我相信读到这里，读者们一定觉得我妈妈是个“事儿事儿”的老太太，但如果你能在她身边多待一会儿，就一定会发现她的“事儿事儿”其实是很美好的。外貌先天条件并不优越的她，自信得一塌糊涂，也优雅得一塌糊涂，从她身上总是能闻得到淡淡的香水气味，天天做家事的双手，虽然有了皱纹，但也保养得柔软细滑。她活得精致，也活得快乐，而这些都让已迈入中年，又各自有需要愁烦琐事的女儿们，觉得宽慰释然，也心向往之。

没时间？也要美！

年过中年之后，我发现自己在各项“知天命”的觉悟中，有一个曾经隐隐然但如今却以势不可挡的强度急着蹿出头来的情愫向我袭来。我还发现，这股强烈的情愫，不仅在我以及我的闺密们身上出现，也在我已高龄 90 的妈妈身上出现，甚至在我先生身上出现。这股情愫，就是一个人对青春面貌的向往，以及害怕失去它的恐惧。

前阵子微博上出现了一组广为流传的照片，这组照片是一位纽约摄影师专门街拍的穿着打扮有品位的老太太们，再把它们上传到他的时尚博客（Fashion Blog）里。我看见的那组让人惊艳、极为优雅的照片里，年龄最大的老太太高龄 100，接着是 90、71、69。我把这组照片转发到我个人的微博之后，就细细地读了上百条网友的留言。结果发现绝大多数的女人都信誓旦旦地希望自己将来老后也能如此美丽优雅，可是我也惊讶地发现一些网友对此持有消极的意见，而其中最多的就是慨叹："天啊！如果老了还要保持这么优雅美丽，那多累呀！"

呵呵，是了！这可能就是问题的核心了。不管是前人的宝贵经验还是专家们的谆谆教诲，甚至是那些盯着我们荷包的厂商的广告话术，都早就已经说得很清楚了："美丽和态度有关，也和勤勉有关。”不过，我相信如果我在上下班时段的拥挤地铁或公交车里大声地喊出这句话之后，四面八方一定会传来这样沮丧的声音：我每天在人潮中冲锋陷阵地赶路、照顾孩子、看老板的脸色、应对老公的情绪……自己忙得连洗脸睡觉的时间都没有了，哪还顾得上美丽，别闹了！

我完全相信这些挫折都是真的，也体会过有时生活真的会把人的斗志消磨殆尽，即便到了家庭责任和生活节奏都已经宽松了许多的现在，有些时候，我都还会和已经累得半死的自己为了“要不要好好地卸妆洗脸、要不要实实在在地抹身体乳液”而讨价还价。而不瞒您说，在这场“要与不要”的角力中，“偷懒的我”获胜的概率还不算太低！

但是，如果您同意我的外貌年龄确实要比实际年龄看起来略为年轻一些些的话，我又得坦率地告诉您，只要是在某天或某个时段里“偷懒的我”占了上风，那在接下来的日子里，“勤勉的我”就会用更多的心力去照顾自己的美丽，把失去的城池给夺回来。因为我知道，一旦放任了自己，一旦退让太多，那“偷懒的我”就会得寸进尺，就会找出各种冠冕堂皇的理由来粉饰自己的恐慌。

恐慌？是的，恐慌！就像我在前文中说的那样，爱美是人性中一个非常重要的组成部分，没有人会缺少它，也没有人会不需要它。但不幸的是，人性中还有另一个重要的机制会常常跳出来多管闲事，这个机制就是“自我防卫”。因此，当我们发现自己因疏于管理而变得不再好看或身材走样时，为了安慰自己，自我防卫机制就会跳出来为我们的恐慌或挫折找个“合理化”的理由。例如，“唉，已经差得太远了，再追也追不上了，算了吧，就这样吧”“都到这个年纪了，差不多就行了”“谁不想保养皮肤啊，我老公要是能挣钱，我也可以这么花钱保养啊，问题是……”。

请相信我，以上这些给自己找个退路的理由会让我们一时觉得很被安慰和保护，但日子久了，人性中那个爱美的情愫就会时不时地浮上心头，啃噬着我们的心，让我们变得苦涩和像刺猬般的愤怒，如果我们真放任它继续在心中滋长，那么，损失的就不仅仅只是容颜的美丽了。因此，姐妹们，我没打算让自己成为一个美容狂，但每天多花一点点的时间看看镜中的自己，理性而认真地回应她的需求，她也就心满意足了！

更年期的芳香疗法

写不写芳香疗法？一度让我有些矛盾。写了，担心读者们没有兴趣，觉得离自己好远，虽然身为专业芳香疗法治疗师，确信精油对中年期尤其是更年期的功效；不写，又好像有些不负责任和说不过去。结果在和出版社的编辑同事们说了我的“困境”之后，她们一致认为，更年期的芳香疗法是很重要的知识，而且如今取得精油也越来越容易，所以，在丰富阅读内容的最高指导原则下，出版社领导给我下了指令：写吧！

在这一个章节中，我将针对女人进入更年期之后，如何用芳香精油配方和方法，来调节有可能发生的身心变化。虽然事实上，更年期到底有没有传说中的那样可怕，并不是芳香疗法治疗师所关注的课题，我们更关注的是女人在面对无可避免的荷尔蒙的变化时，该如何更好地度过或适应它所带来的生理、心理以及情绪上的冲击，以便享受人生第二个本该美好的春天。

更年期；停经

许多人将“停经”视为“更年期”的同义词，事实上在细分之下，两者的意思并不完全相同。根据国际停经学会定义，“更年期”（perimenopause）指的是女性从有生育能力转变到无法生育阶段的过渡时期。“停经”（menopause）则是最后一次经期。

女性在45到55岁之间，因卵巢功能萎缩，女性荷尔蒙分泌逐渐减少，月经周期变得不规则，最终完全停止，且在一年内不再有月经，这种现象称为“停经”。停经所代表的意思是卵巢完全失去功能，不再排卵，也不再分泌女性荷尔蒙。更年期则是指停经前后的一段时间，在这段时间内身体会因为缺乏女性荷尔蒙而产生一些症状，这些症状称为“更年期症候群”。

进入更年期，有些人不但会出现更年期的症状，还可能出现一些慢性疾病，例如高血压、糖尿病等等。因此，提前做好健康规划是相当重要的。此外，更年期女性在生理产生剧烈变化的同时，心理上也面临着重大的转变。儿女成长独立，自己和先生都从原本忙碌的工作岗位上退休、生活作息必须重新调整，再加上现在儿女数目少，空巢期也提前来到，因此生理和心理的变化同时影响着生活的脚步。

想要达到减缓老化的目的，就必须了解更年期常见的症状和常见的身心变化，配合适当的治疗和保健步骤，你会发现留住青春的脚步并不是一件困难的事情。

更年期的生理症状

更年期妇女，由于荷尔蒙会在短时间之内迅速降到几乎没有的程度，因此身体会出现种种不适应的症状。其中有些症状在刚开始停经甚至在停经之前就会出现，通常被称为“早发性的更年期症状”；有些则在停经以后的一段时间才会出现，称为“晚发性更年期症状”。

常见的更年期症状包括：

● 早发性更年期症状：

热潮红、盗汗、心悸、失眠，有时会伴有恶心、呕吐、头晕及头痛。通常发作只有一两分钟，之后就会自然消退，一般情形下，这种症状会持续数个月或数年之久。

● 晚发性更年期症状：

1．生殖器：外阴瘙痒、干燥、带有血丝的分泌物、性交疼痛；

2. 泌尿器官：尿急、尿频、尿失禁；

3. 子宫：子宫脱垂；

4. 心脏血管系统：心绞痛、冠状动脉疾病；

5. 骨骼：骨质疏松、骨折、背痛；

6. 皮肤及黏膜：皮肤失去弹性、干燥、瘙痒；头发断裂、干燥、脱落；口干舌燥；

7. 乳房：缩小、松弛、失去弹性。

必要时寻求医生的协助，学会充实生活内容，提升生活的质量，开阔视野，多参加社交活动，寻求家人和亲友的支持及关怀，都是调适更年期生理症状的最佳处方。除此之外，

要安排适度的户外运动与日晒，阳光能帮助身体产生维生素 D，维生素 D 可以加强胃肠道对钙质的吸收，也可使骨骼再造速率加快。更年期最好选择适合自己的运动（如游泳、太极拳、跳舞等），但要避免需要碰撞或快速移位的运动，以免摔倒。参加运动团体，一方面较能持之以恒，同时也能拓展人际关系。有些负重运动（如慢跑、骑单车、步行、提重等）能增加骨密度，但患有关节炎者，则应避免负重运动。

更年期的情绪症状

情绪障碍确实困扰着许多更年期妇女，美国前总统布什的太太芭芭拉在其回忆录中指出，她在更年期时，也曾经患有严重的情绪障碍，并且一度产生自杀的念头。她将抑郁症的原因归于更年期身体缺乏荷尔蒙，以及布什当时担任公职的压力太大所致。可见更年期抑郁症是让大部分更年期妇女感到困扰的问题，只是大家比较少将问题说出来而已。

有些更年期情绪困扰的主要原因，来自荷尔蒙缺乏。例如：因为更年期热潮红的症状导致失眠，到了白天因为睡眠不足而感到倦怠、注意力不集中、对许多事提不起兴趣，并间接影响到人际关系和家庭生活；也有些人因为热潮红，全身燥热忽然间就导致情绪失控。更年期尿道炎或是阴道炎的问题，也常使得夫妻的性生活出现问题。以上种种情形，自然容易引发心理 / 精神方面的问题。

此外，对于停经或对衰老的恐惧心理，生怕自己变老、变丑、身材变形，甚至失去先生的关爱，担心得癌症或死亡，或是空巢期的空虚感，也会让更年期女性产生很大的压力。

其实，更年期情绪障碍并不如一般人想象中那么可怕和令人无助。出现症状时，只要正视问题，寻求家人的支持，大多能很快走出阴影迎向阳光。对大多数人而言，更年期反而是一个重新发现自我、重塑自我的时期。对于一个女性来说，更年期以后的生命，占了整个人生超过三分之一的长度，若是以受完教育进入社会以后算起，更是占了将近二分之一。因此，更年期以后的保健，关系到整个人生二分之一的生活，确实必须给予更多的重视和关注。

接下来我们看看如何用精油来帮助这些可能发生的生理和心理问题。

更年期调|理|精|油

◆ 热潮红

热潮红是更年期妇女最常见，也是最感到困扰的症状。根据国外医学周刊统计，大约有 85% 的妇女，更年期时会出现热潮红的症状。国内则大约有一半的妇女，会有热潮红的症状。这些症状因人而异，有人可能很轻微，也有人可能对生活造成相当的困扰；有人可能经过一段时间就会慢慢恢复，但也有少数特殊案例，热潮红的症状持续了 10 年或者更久。

热潮红发生的原因，可能是因为身体内荷尔蒙的改变，造成中枢神经里一个控制体温的中枢失去平衡，使得身体的自律神经处于一种不稳定的状态，血管会突然之间收缩或是扩张。有热潮红现象的更年期女性在饮食中要多摄取大豆制品，包括豆浆、豆腐等，因为豆制品中含有丰富的植物性荷尔蒙，可以有效降低热潮红的症状；此外，中药当归，对抑制热潮红症状也相当有效。

配方和应用方法

准备一个能随身携带在皮包里的100毫升大小带喷头的小瓶子，先盛入100毫升的纯净水，接着滴入4滴快乐鼠尾草、4滴欧薄荷、4滴绿花白千层、4滴广藿香，充分摇匀。每当你觉得有燥热的情况要发生时，就立刻取出喷在脸上和颈部，就能帮助缓解这个症状。另外，服用维生素E胶囊对缓解热潮红也有帮助。

◆ 盗汗

当热潮红症状产生时，身体的温度在突然之间急遽上升，为了排除这些突如其来的热量，血管必须立刻扩张以便将热量散发，同时排出大量的汗水以降低体表的温度。因此整个脸或整个身体会突然间红了起来，接着就出现盗汗的现象。通常发红的症状仅仅维持一到两分钟，但随后因为身体大量地散热，有些人除了盗汗，还会冷得发抖。

配方和应用方法

临睡前的芳香泡浴是最好的选择，因为能接触全身皮肤并进入血液循环，同时改善神经系统的紧绷和疲倦，进而避免夜间睡眠时的盗汗现象。当然，泡脚也是可以的。

配方：在注入七分满温水（最适宜的水温为 40℃左右）的浴缸内滴入 3 滴绿花白千层、3 滴丝柏、3 滴柠檬。浸浴至少 15 分钟，与此同时最好能听听音乐，或闭目养神。

◆失眠

根据医学统计，困扰着 40％的更年期妇女的所谓“更年期失眠症候群”，多数都是因盗汗、热潮红或焦虑所引起。也有人就是没什么原因的睡不好，这有可能是因更年期本身睡眠生理周期的改变所造成。当一周有超过三个晚上睡不好，并且已经影响白天生活作息时，在医学上就称为“更年期失眠症候群”。

“更年期失眠症候群”的特征简单地说，就是睡睡醒醒、没有深度睡眠、醒来就很难入睡，而且特别容易早醒。

在治疗策略上，一段时间的荷尔蒙补充疗法还是目前医疗上的首选，因为有八成至九成的失眠还是由更年期激素分泌水平所造成，荷尔蒙疗法对这类失眠有很好的效果。当然，进行荷尔蒙疗法需要经过妇产科医师诊断确认，用何种方式和多长时期，都要配合其他相关的检查才行。

除了上述的荷尔蒙疗法，如果失眠的问题是因热潮红所引起的，那么利用芳香疗法来改善热潮红的同时，也可以改善失眠；但如果它是由焦虑而引起的，那么就必须找出形成焦虑的原因，以芳香精油来减轻焦虑。

配方：能帮助改善更年期失眠的精油有东印度檀香木、罗马甘菊、橙花、甜马乔莲、薰衣草。

应用方法：

1. 任选上述3款精油，维持总数12滴，滴入浴缸里，每周泡澡一次。

2. 在50毫升的琉璃苣媒介油里（由于琉璃苣油价格相对偏高，若要降低花费，可以在40毫升的葡萄籽油里加入10毫升的琉璃苣油，也可达到效果），滴入6滴橙花、6滴罗马甘菊、8滴薰衣草，混合均匀后，每晚临睡前在胸部和腹部按摩。

3. 除了用以上调好的精油按摩，最好能在睡前喝一杯加了一茶匙蜂蜜的温牛奶，也能起到凝神安睡的功效。

◆心悸

人过了50岁，尤其是女性，容易出现心悸症状。这当然和身体的新陈代谢减缓、脂肪堆积增加、老化以及情绪和压力有关。只要定期接受健康检查，排除器质性病变的因素，利用芳香精油来改善会是非常有效的方法。

配方和应用方法

白天：可以准备一个小棉球，在上面滴1～2滴甜马乔莲，塞在左边的上衣口袋或左侧的胸罩里。甜马乔莲能安抚镇定呼吸急促、心悸胸闷等心因性反应症，同时预防更进一步的心脏疾患的产生。

夜晚：临睡前，在50毫升的琉璃苣油或荷荷巴油里滴入5滴乳香、5滴甜马乔莲、10滴天竺葵，混合均匀后，每晚临睡前抹在胸口和腹部。

◆ 失去性趣

更年期性生活的障碍来自两个方面，包括心理和生理的因素。心理因素的成因相当复杂，生理因素则主要来自缺乏女性荷尔蒙所造成的后遗症。

生理因素当然是导致更年期妇女出现性生活障碍的首位因素。由于更年期妇女雌激素水平下降，使得阴道的黏膜变薄、分泌物减少、外阴和阴道萎缩，性交时会因而受伤、疼痛，令性生活成为一种不愉快的体验。这自然会影响享受性生活的意愿。

此外，心理因素也是必须考虑的原因。女性进入更年期后雌激素水平下降，某些神经兴奋物质，如雄激素、ß内啡肽等分泌减少，因而容易出现精神疲惫、情绪抑郁、性欲减退、身材变形，这容易使她们产生自卑心理，以致在性生活过程中性激发及唤醒较慢，甚至使配偶丧失“性趣”而中断性生活。

推荐芳香精油：

面对这个情形，更年期女性可以使用含有天然植物雌激素以及能舒缓心情、刺激性欲的精油来帮助自己。这些精油分别是：玫瑰香脂、檀香木、香水树、快乐鼠尾草、甜百里香、欧薄荷、迷迭香。

精油应用方法：

在客厅和卧室分别放一个网上很容易就买得到的插电冷雾机，临睡前1小时从上述精油中任选一种滴入几滴，就能改善心情和室内的氛围。

有个更简单的方法，在装了100毫升自来水的喷壶里滴入5滴上述任何一种精油（如果选择香水树精油，因它的气味颇为浓厚，可以考虑滴入香水树2滴、迷迭香或欧薄荷3滴，以稀释它的浓厚香味），同样在临睡前1个小时喷洒在客厅和卧室。

Tips：对于外阴干涩的问题，至今芳香疗法专业界尚未发现可以改善的精油，不过可以口服维生素E胶囊，并且借着涂抹油脂来润滑该部位。可以在10毫升纯天然的向日葵植物油里滴入3滴天竺葵精油，混合均匀后涂抹在外阴部位。

◆ 皮肤保养

更年期女性由于雌激素的缺乏，会伴随皮肤变薄、表皮细胞增生率减少的问题。另外，由于皮肤原有的小汗腺到更年期后开始逐渐萎缩，汗液分泌量减少，影响皮肤的湿度，再加上中年以后皮脂腺分泌趋向减少，也使皮肤失去滋润度，更重要的是随着进入更年期后年龄的增长，皮肤血管收缩，对皮肤各种营养物质的供应也较年轻时减弱许多，因此，更年期女性对于皮肤的保养除了注意皱纹、松弛的问题，也得加强保湿和营养供应。

适合更年期皮肤保养的精油有：乳香、广藿香、玫瑰香脂、橙花、永久花、天竺葵、快乐鼠尾草。

调油配方：先将 20 毫升的玫瑰果油和 30 毫升的荷荷芭油倒入玻璃瓶中混合在一起，停留 24 小时之后，滴入：

1. 比较奢华的配方：3 滴橙花、3 滴纯玫瑰香脂、3 滴永久花、6 滴天竺葵

2. 比较实惠的配方：4 滴广藿香、4 滴快乐鼠尾草、4 滴乳香、4 滴天竺葵

使用方法：把复方调理油当作精华素，在洗完脸、润肤水整肌之后使用，接着再用日霜或晚霜。

用精油来保养皮肤不但能很有效地达到滋养和延缓老化的目的，更重要的是，它神奇而美好的天然香气，会经由嗅觉，快速进入大脑边缘系统里主管情绪的杏仁核，帮助我们释放压力，愉悦心情，增加自信，让美丽的光芒由内而外散发出来。

◆ 身材保养

更年期的另一个危机是身体的脂肪逐渐积累，体重上升，出现肥胖的问题。更年期肥胖的成因首先当然是年龄以及雌激素不足。由于年龄增长，人体的肌肉组织会逐渐减少而由脂肪组织所取代，因此体脂肪的比例会随着年龄的增加而上升，但此时基础代谢率又偏偏开始下降，身体自然消耗的热量减少，于是体重就在这一加一减之间逐年上升。再加上这个年龄阶段孩子大了，工作稳定了，生活内容趋于固定和静态，如果饮食内容和生活习惯没有随之而适时地调整，也会增加体重。

利用精油来泡澡是维持身材的最好方法，只要每周或隔周坚持泡澡一次，除了能帮助情绪的稳定快乐，也能有效维持身材不致变形。

配方：在注入了七分满温水（最适宜的水温为40℃左右）的浴缸里，滴入3滴葡萄柚、3滴丝柏、3滴黑胡椒、3滴天竺葵，浸浴至少15分钟。

◆ 维持“女人味”的保养

更年期女性在完全停经前都有可能会经历一段“恼人的”过程——月经时来时不来、经量突然增加或稀少、多年不见的痛经又开始造访，这些征兆虽然显示停经的日子不再遥远，但也表示我们该更加注意自己的月经调养，为停经后的美丽做准备。

利用精油达到更年期月经保养的目的，并不在于阻止停经的到来或延长月经的时间。事实上，女性一生中能排出的成熟卵子数目约为500个，其余则随时间渐渐凋亡，女性40岁左右，卵巢内大约只剩几千个卵泡，等到50岁，大部分的卵泡都已消失，卵巢所分泌的雌激素也会逐渐减少，以至永久停机。

因此我们不可能利用精油让卵子的数目增加或延长它们的寿命，但却能帮助我们在经历这些变化时仍然保持良好的生理、心理、心灵、皮肤以及身材的美丽状态。

可以从下面 3 个不同的配方中做选择，可以每 1 ~ 2 个月替换一次配方，让身心一直保持在新鲜而愉悦的芳香体验中。

1. 充满柔情、细致奢华的配方：100% 纯玫瑰香脂 2 滴、东印度檀香木 4 滴、天竺葵 2 滴。

2. 充满激情、温暖欢愉的配方：快乐鼠尾草 3 滴、生姜 3 滴、黑胡椒 2 滴。

3. 充满热情、浪漫馥郁的配方：亚特拉斯杉木 3 滴、绿花白千层 3 滴、佛手柑 3 滴。

应用方法：每周 1 次，或每两周 3 次。找个安静、温馨、静谧的时间，选几首喜欢的音乐，把浴室的灯光调暗，点上一支漂亮的蜡烛（也可以选择精油蜡烛），在注入七分满温水的浴缸里滴入上述任何一种配方，放松地躺着浸泡 15 分钟。

如果家里不方便泡澡，也可以选择足浴，或是把上述配方精油，以下列比例滴入 100 毫升的媒介油里，当作身体保养油来使用。

1. 充满柔情、细致奢华的配方： 100% 纯玫瑰香脂 10 滴、东印度檀香木 20 滴、天竺葵 20 滴。

2. 充满激情、温暖欢愉的配方： 快乐鼠尾草 20 滴、生姜 15 滴、黑胡椒 15 滴。

3. 充满热情、浪漫馥郁的配方： 亚特拉斯杉木 20 滴、绿花白千层 10 滴、佛手柑 20 滴。

最适合女性的媒/介/油

能作为芳香疗法使用的植物油有二三十种，都是由冷压法萃取而得，其中葡萄籽油和甜杏仁油是品质良好、价格也相对便宜的媒介油，因此最常被芳香疗法治疗师使用，也最常被用来作为与其他较昂贵，但又拥有特殊功效的植物油调和的基础油。

以下所列举的植物油，就是对女性皮肤、头发、指甲以及生理功能有比较特殊功效的媒介油。

◆ 脸部

荷荷巴油

Jojoba Oil / *Simmondsia chinensis*

从荷荷巴树的深棕色小豆果冷压萃取而得，含有鲸蜡醇、维生素 D、蛋白质、微量元素。荷荷巴油颜色呈浅黄色，严格来说，它属于蜡质质地而非液体质地，只要遇冷就会凝结成含蜡质的固体，可是只要一接触皮肤，就能立刻融化成液体，被皮肤吸收。

由于富含多种维生素和营养油脂成分，渗透性强、分子细腻，在化妆品界广泛地被用来制作成抗老化的皮肤护理产品。荷荷巴油不具香味，除了是非常好的媒介油，即使不与精油搭配，也可以成为功效良好的芳香疗法用油。

荷荷巴油的化学分子排列和人类的皮脂非常类似，极容易被皮肤类化和吸收，此外，它的稳定性和延展性都很好，不容易变质，化妆品界已经把它视为抹香鲸油脂最好的天然替代品。荷荷巴油适合各种肤质使用，尤其是油性敏感、成熟老化、干性缺水的皮肤，此外，它也是很好的身体保养和头皮按摩油。

杏核油

Apricot Kernel Oil / *Prunus armeniaca*

浅浅的淡黄色，非常清爽细致，具有良好的渗透能力和保湿能力，适用于脸部的芳香疗法保养配方，特别适合敏感细嫩和极度干燥的肌肤。

富含 ß- 胡萝卜素和维生素 A，对于肤色蜡黄或严重缺水脱皮的皮肤有显著的改善效果，也是安抚敏感、发炎状况的滋养油。作为芳香疗法的基础油用途时，治疗师常常将它和石榴籽油混合在一起，一方面使基础油更清爽润滑，另一方面也彼此补强皮肤保养功能。

石榴籽油

Pomegranate Seed Oil / *Punica granatum*

棕红色的黏稠液体，不适合单独使用，但会是非常好的活性添加油。可以按 20% 的比例和其他清爽的媒介油混合，以达到最佳的生理功能和皮肤理疗效果。

石榴籽油中含有 6 种主要脂肪酸：石榴酸、亚麻酸、亚油酸、油酸、棕榈酸、硬脂酸等。其中石榴酸约占 86%，是唯一植物源的多不饱和共轭脂肪酸，与亚麻酸一样是补充人体缺乏 ω-3 系列不饱和脂肪酸最理想的成分。也含有维生素 E、叶黄素及植物甾醇。

石榴酸具有极强的抗氧化能力，可以有效地抵抗人体炎症和自由基的破坏作用，实验证明，石榴籽油能强化人体免疫系统功能，还含有与人体自然产生的雌激素结构相似的植物雌激素，有助于缓解妇女更年期综合征，非常适合用在脸部皮肤的芳香疗法按摩上。对于皮肤有美白、去皱、深度滋养、增加红润度和提亮肤色、延缓衰老的作用，是完美的皮肤护理油。

小麦胚芽油

Wheat Germ Oil / *Triticum vulgare*

来自热压的小麦胚芽油，含有维生素 A、维生素 D、维生素 B_1、维生素 B_2、维生素 B_6、泛酸、烟碱酸铬，以及钙、磷、铁、锌等矿物质，含有亚麻油酸、亚麻脂酸、卵磷脂，以及大量的维生素 E。

由于小麦胚芽油含有丰富的维生素 E（每 100 克中含有 190 毫克），具有超强的抗氧化功能，适用于老化的肌肤。虽然小麦胚芽油可单独使用，但因味道太浓烈、质地太厚重，所以还是加入其他质地较为清爽的少量媒介油调和后使用更好。

作为芳香疗法皮肤护理的用途时，小麦胚芽油能清除自由基，促进人体新陈代谢、预防老化、活化修复、减缓生理衰老现象、淡化妊娠纹。它的另一个功能是发挥高含量维生素 E 的抗氧化剂功能，添加在调油中，能对抗光线和空气的侵害，延长复方调油的保存期限，只要加入一小茶匙，或基础油总量的 10% 即可发挥功效。此外，在调油中加入小麦胚芽油，也能兴奋活化其他基础油的营养价值。

◆ 身体

晚樱草油

Evening Primrose Oil / *Oenothera biennis*

晚樱草又叫“月见草”，傍晚时开花，天亮即凋谢。是一种可以同时调和其他植物油和精油的基础油。由于含有7% ~ 10% 的 r- 亚麻油酸（GLA）、铁、锌、维生素 C、维生素 E、维生素 B_6、烟碱酸铬，因而具有多项治疗功能。

对于心血管疾病和女性更年期、生理期（尤其经前紧张综合征）问题的护理最具疗效。西方人将它制作成胶囊内服，是许多前更年期女性必定服用的日常保健品。在芳香疗法的用途上，将晚樱草油和其他的植物油调和在一起（仅需加入 10% 的晚樱草），可以帮助调和油保存最佳的维生素品质；和纯精油搭配，则可非常有效地帮助改善湿疹、异位性皮肤炎、经期情绪不稳定，并有助于延缓更年期及更年期的保养等。

如果湿疹或异位性皮肤炎的情况严重，可以每天口服一小茶匙（约 2 毫升）的纯晚樱草油（请注意，是没有添加精油的纯晚樱草油）。

Tips：r- 亚麻油酸 (gamma-linolenic-acid，GLA)，是维系身体健康非常重要的必需脂肪酸，同时也是保持身体细胞膜健康的重要成分，可以对抗自由基，预防老化，帮助维生素 C 和维生素 E 的吸收，强化循环系统管壁的弹性，降低紫外线对皮肤和胶原蛋白的伤害等。由于人体无法自行合成 r- 亚麻油酸，因此必须从食物中摄取，绿叶蔬菜、坚果类食物中含有此成分，但含量极微。

玫瑰果油

Rose Hip Oil / *Rosa canina*

萃取自南美洲智利海拔 3000 米以上，原住民栽种的无污染野生蔷薇的果实。它最重要的成分是高含量的 r- 亚麻油酸（GLA），这种必需脂肪酸，对女性的生殖系统独具护理疗效；此外，它的脂肪分子排序方式和人类的皮脂极为相似，非常容易被人类肌肤类化、吸收，因此，对老化、皱纹、敏感的皮肤状况以及妊娠纹，都有很好的调养功效。

由于玫瑰果油价格昂贵，一般调油只需添加10% ~ 20%即可；如果是非常干燥、老化的皮肤，则可使用100%的玫瑰果油。

琉璃苣油

Borage Oil / *Borago officinalis*

完全无色透明的液体，含有高达25%的纯r-亚麻油酸（GLA），是晚樱草含量的两倍之多，此外，还含有维生素A、维生素E、脂肪酸。琉璃苣油虽是近几年医学界和芳香疗法界的重要发现，但其实早在古罗马帝国时代的医书上就已经有使用它的记载。

由于r-亚麻油酸（GLA）的含量丰富、品质又好，琉璃苣油促进乳汁分泌的效果极为显著，是很好的丰胸保养油；此外，它也拥有抗抑郁功能（古罗马帝国的医生仅仅让患者咀嚼琉璃苣的新鲜叶片，就能治愈他们的抑郁症）。将抗抑郁精油和琉璃苣媒介油搭配，是非常好的女性因内分泌失调而引起的抑郁症疗养良方。

◆ 头发及指甲

山茶花油

Camellia Oil / *Camellia drupifera*

主要来自中国的长江流域，含有丰富的维生素 A、维生素 B、维生素 E，以及磷、钙、镁、锰、钾等矿物质和不饱和脂肪酸。最显著的效果是能帮助修复受损的角质素细胞，应用于脸部芳香疗法时，能为干性皮肤提供水分；此外，对指甲的护理有非常好的效果，是优良的手部芳香疗法基础油。有助于缓解脱发、头皮屑的头皮护理也是它为人称道的功能。

椰子油

Coconut Oil / *Cocos nucifera*

萃取自椰子的果肉，含有多量的维生素 E、矿物质，冷压后植物油呈珍珠白色，略具椰子味。天然的椰子油在低温下为凝固状态，是质地最佳的头发护理油。此外，椰子油能快速地改善干性皮肤的表皮缺水状态，同时能促进干性皮肤对外界水分的吸收和维持。许多护肤品和美发产品都以椰子油当作底油。

椰子油一旦因气温低而凝固，只要将瓶子放在温热的水杯里，就能快速融化回复成油液状态。需要注意的是，和其他的植物油相比，椰子油是比较容易变质的，因此，储存时，要小心留意，调油时也不要一次调太多的量。

第五章 自由自在的晚年生活

日子虽然是一连串的周而复始，
但在这周而复始中最珍贵的是，
我们踏实坦然并举重若轻地活
着，而这随心所欲的“自在”，
才是幸福圆满最终极的状态。

我们有权利过好日子

30年前，我们儿子才刚满6周岁，在政府机关担任公职的先生和在医院担任心理治疗师的我，为了能赚更多的钱，毅然辞去了各自安稳的公务员工作，开了间进出口贸易公司，做起了生意。这个决定在今天看来好像是对的，我们把唯一的孩子从10岁开始就送到了英国读书，也分别在北京、天津、高雄、伦敦买了住房和办公室，但这些小小的成就背后是无数个焦虑的日夜，我们为了这个激进大胆的举措，吃了将近10年的苦头，在昔日同事们享受安逸生活的时候，为了生意和总是短缺的资金而疲于奔命（甚至有如果生意倒闭了，该如何回头找工作的心理准备）。

2014年秋天，我们的宝贝儿子结婚了。为了不让他们有房贷的压力，我们用了大部分的积蓄资助他在伦敦泰晤士河边买了一间大小合适、颇为体面、全款付清的公寓，也承担了婚礼所有的支出，把收到的全部礼金作为结婚礼物送给了他们。

热闹而忙碌的婚礼过后，先生和我回到了北京，重新开始过着平静而有序的生活，也重新开始认真地思考我们将来退休后和老后的生活安排，尤其是我们的财务安排。

我们心里盘算的快乐（梦想）计划是：把其中的两所房子卖了，把卖得的钱分成两半，一半到英国把现在的小房子换成远离市区、景观好、有个小山坡绿地的大房子，我们可以在大房子里各自独占一个有着大片书墙的大书房，还可以有个设备齐全、宽敞亮堂的大厨房，好让我在那里做面包、烤饼干给来度周末的孙儿孙女吃。卖掉房子的另外一半现金，我们要把它安全合理地交给银行，部分存进定期存款里，部分投入低风险的理财产品里，然后我们就可以用绝对跑不掉的定期存款利息收入和可能的投资利润，好好地吃、好好地玩、大方地给儿子媳妇孙儿孙女们买礼物。等我们真的老到哪儿都去不了的时候，我们就把钱用在找个好养老院、找个好保姆上，然后很有尊严地凋零老去。

几个年龄相仿的朋友听了我俩的黄粱大梦之后，好心地劝告我们，不能卖房子呀！现在的房价还有升值的空间，留给儿子多好呀，它们都是好资产呀！

可是我们的想法却完全不同。是的，如果我们行有余力，确实是可以留些资产给他们，但那是在我们确定自己是“安全”的情况下才能做的事。我们辛苦了大半辈子，也尽了父母该尽的责任，我们为自己挣得了过好日子的权利，我们谁也不欠。

所以，我现在卖力地做完直播课或昏天黑地地写完稿后，就会在睡前做个天马行空的老后美梦，我总是在计划着怎么装饰我们未来的山坡大房子，在园子里种哪些花果蔬菜？怎么设计占满整个墙面的大书架？如何他负责摄影、我负责文字再合写一本游记？我的美好计划里偶尔会出现儿子媳妇孙儿孙女们，但那也都是在节假日或旅行时的情景里，我基本上没把他们放进日常生活里，他们还年轻，还有繁重任务在身，还需要像我们年轻时那样为生活努力打拼，所以我不打算占用他们太多的精力，而且凭良心说，我们已经为他们的新生活贡献了心力，作为父母，我们自认为是可以俯仰无愧地过自己的好日子的！

我们都从父辈那里看到也学到了一件事，那就是当你垂垂老去时，手上必须要有可以随意支配的现金，多少不重要，多有多的花法，少有少的花法，重要的是，你能自己做决定去怎么花它，而不是仰赖孩子的给予，或必须得到孩子的同意。我记得父亲还在世时，有一回他必须做全口假牙，牙科医师给了几种不同价格不同材质的建议，父亲当下就决定要换那种价格比较贵的瓷牙。年轻的牙科医师好心地问父亲：爷爷，您要不要先回家问问您孩子的意见啊？结果父亲骄傲地回答他：不用，我花的是我自己的钱！这件事肯定让父亲很开心，因为他不止一次在我们面前提起它，而且说的时候还掩不住脸上骄傲的神色。

合理地给孩子帮助，不能一毛不拔

谢婆婆是我小时候的邻居，我们曾经住在同一个眷村里，谢爷爷是我外公的同事，外公是厂长，谢爷爷则是主任秘书。谢婆婆有 3 个儿子、1 个女儿，她和我妈妈一样是个全职的家庭主妇。我大学毕业那一年，已孀居 20 多年的谢婆婆去世了，妈妈和姐姐去参加了她的告别式。据说那天告别式一开始还是很肃穆的，可是就在妈妈她们这些昔日老邻居们一一向谢婆婆的遗像行礼时，谢婆婆的大媳妇突然像发了疯一样地哭闹了起来，她披头散发地使劲拽着我妈妈和另一位邻居妈妈的手，呼喊着数落已逝婆婆的不是和她这么多年来所遭受的种种委屈。

原来，谢婆婆的大媳妇现在有点精神问题。当年，她的先生，也就是谢婆婆的大儿子做生意失败，亏损了好多钱，当他无法应付高利贷的还款催逼时，选择了逃跑，把一屁股的债和 2 个正在上中学的孩子留给了太太。这位可怜的大媳妇曾经试图向婆婆求救，请婆婆帮忙负担 2 个孙子的生活费和学费，她则和放高利贷的人说好，用日夜两份工作的薪水来慢慢还清高额利息和本金。结果婆婆以公公去世时没留下什么钱和自己有 4 个孩子不能独厚某一个人为由，拒绝了她。

伤心无奈的大媳妇只好回头向娘家求救，还好娘家妈妈伸出了援手，但也碍于儿子媳妇的关系，既不敢也无力给得太多。就这样，咬着牙的大媳妇把两个孩子送进了大学，但长期超负荷工作和营养不良，让她在几年之内累坏了身体，不但肾脏出了问题，乳房也发现了末期肿瘤。

原本这位可怜的大媳妇对婆婆的袖手旁观只是无奈，她想，从来没有出去工作过的婆婆在先生去世后完全失去了经济来源，而公公去世时的抚恤金在拉扯大 4 个孩子之后也确实所剩不多，所以尽管她失望无奈，但也绝对没有怨恨婆婆的意思。可是当婆婆去世后，3 个儿媳妇和小姑子一起整理婆婆留下来的东西时，才发现她不仅有好几百万台币的存款，银行保险箱里还有超过二十两的黄金和三十几个金戒指，而且这些金条和金戒指都是当年从浙江老家带来台湾的老金子。

生命即将走到尽头的大媳妇完全崩溃了。她万万没有想到婆婆宁愿把钱和金子放在银行里待着，也不愿意拿出一些些来帮助自己的亲孙子，更何况捅娄子的还是她自己的亲儿子。大媳妇想到过去十几年来每次孩子交学费时如何低声下气地回娘家拿钱，想到给高利贷送钱时如何担惊受怕和受尽羞辱，她原本的伤心无奈变成了愤怒和怨恨，而这些越来越强烈的痛苦啃噬着她，最终把她给逼疯了！

母亲在转述这个让人惋惜难过的故事给父亲听时，一面掉着泪，一面对我们解释说：我们这一代经历过战乱和颠沛流离生活的人，过怕了穷日子和苦日子，所以哪怕是银行里存着钱也都不舍得花，因为不知道这钱花完了以后还会不会再有，还会不会再发生什么事，所以只有守着它心里才踏实。不过，你们谢婆婆的做法也确实是有些过了，哪能那么狠心地看着自己的孩子受苦，而且我听老邻居们说，谢婆婆的晚年过得很不舒心，孩子们都不太来看她，她自己一个人孤零零的，每天也就凑合着吃一两顿饭，都瘦成皮包骨了！

谢婆婆推开了亲情，赶走了孩子，虽然身后给孩子们留下了遗产，但却只落得了埋怨而没有得到他们的感激。而且最重要的是，她没有让那些存款和老金子发挥应有的价值，不但自己孤独以终，两个孙子也在还没长大成人之前就失去了双亲的呵护。

合理地给孩子帮助，不能倾尽所有

蒋阿姨的故事却正好和一毛不拔的谢婆婆完全相反。

蒋阿姨是我移居到北京后才认识的，她在我最好的女朋友家工作了 17 年，和朋友一家人处得像亲人一样。蒋阿姨的独生女 4 年前和研究所的同班同学结了婚，小夫妻俩都是学习特别优秀的好孩子，毕业后也都找到了收入不错的工作。为了让女儿女婿婚后有个好住家，蒋阿姨夫妇把爷爷奶奶留下来的位于北京德胜门的居民楼房子给卖了，由于房子的地理位置好，再加上那几年房地产价格飞涨，所以卖得了很不错的价钱。蒋阿姨把售房款全部给了女儿女婿，帮他们交了 60% 的首付，在北京东四环买了一间 180 多平方米的大公寓，公寓有三个大房间，女儿女婿住一间，蒋阿姨和老伴住一间，另一间则准备给将来的外孙子女住。

女儿结婚后蒋阿姨就辞去了朋友家的工作，全心全意照顾女儿女婿，每天洗衣做饭，打扫卫生，虽然忙累但也不亦乐乎，而且女儿女婿也乐得享受有个全职阿姨在家伺候。可惜这美好的小日子在女儿怀孕生下小外孙后发生了变化。

蒋阿姨的亲家住在河北，家里有块地种着粮食还养了许多鸡，偶尔来趟北京，两家人处得挺和气挺好的，女儿坐月子虽然都是蒋阿姨一个人伺候，但亲家也总是大包小包地从老家给儿媳妇带补品来。小外孙热热闹闹地过完百天之后，亲家公回老家看着地，亲家母则留在了北京，本来蒋阿姨以为亲家母只是小住一段时间，可没想到已经离不开孙子的她却踏踏实实地住了下来。

头一两个星期日子还是挺平顺的，蒋阿姨继续负责大部分的家务活儿，亲家母则看着孩子。可是渐渐地蒋阿姨心里生出了不快，因为不管是卫生习惯或勤快程度上，亲家母都让她难以接受。举个例子来说，亲家母的作息时间是跟着孩子一起的，孩子白天睡几个小时，她也就在床上躺几个小时，哪怕是睁着眼，她也是歪斜在沙发上哼着歌听小曲儿，完全无视蒋阿姨一个人屋里屋外忙得热火朝天。这些事蒋阿姨都忍了下来，最多也只是晚上向老伴发发牢骚，所以日子也就这么过了下来。

事情真的走到无法回旋的境地时，已经是大半年以后了。

由于当年买这个房子的时候只付了 60% 的首付，余下的 40% 得每个月交 7000 多元的贷款。蒋阿姨女儿女婿的工作都不错，两个人的工资加起来有将近 35000 元，所以支付 7000 元的房贷不是件太吃力的事。但孩子生下来之后，不论是纸尿片、进口奶粉还是副食品等的花费都越来越高，在IT公司上班的女婿为了多挣点钱，就接了一些替人写程序的私活拿回家来做。亲家母看见宝贝儿子为了家计成宿熬夜在电脑前工作，于是认定“吃饭的人太多”是导致儿子卖命工作的元凶。

她开始话里话外地暗示她的想法，先是在闲聊中举例说老家村里的哪家老丈人和丈母娘吃垮了女婿，后来就干脆走到蒋阿姨他们房间里去关灯，甚至还在蒋阿姨每天冲澡时在门外喊着“您省点水啊”。心气儿高的老丈人蒋叔叔再也忍无可忍了，于是向女儿女婿提出要搬出去的事。女儿自然是流着眼泪极力挽留，但让他们心寒的是女婿并没有当着自己母亲的面说句公道话，也没有表态要挽留他们。

为了不让女儿夹在当中左右为难，甚至影响了婚姻，蒋阿姨老两口在通州郊县租了处一居室的平房，交了4个月的房租首付后银行的定期存款里还有9万元。蒋叔叔每个月4000多元的退休费拿出了2000元交房租，蒋阿姨找了个在超市打扫卫生的小时工工作贴补家用，夫妻俩绝口不再提卖掉城里房子的事，只是安静地过日子让时间来弥平伤痛。

这两个听起来有些极端的故事都是真实发生的事，我相信也是在某个城市的某个角落里正在上演的故事。为了避免这样的遗憾将来发生在我们自己身上，我们确实需要在还有能力工作时，尽早安排老后的生活，做好清晰而明智的财务规划，这既是为了有更舒心宽裕的老年生活，也是为了能和已婚子女继续维持融洽的关系，甚至将来有能力给他们留下较多的遗产。

为老后制订明智的财务规划

在讨论如何为老后制订明智的财务规划之前，我们需要先厘清以下几个观念。

给多少钱才是合理的?

所谓的合理，当然是指既能保障为自己养老送终的费用，又能帮助孩子有个比较好的新生活起点。对于这一点，我请教了身边好几位和我年龄相近的朋友的意见，也请教了财务规划专家，他们的答案很一致，那就是得先把接下来一定会需要的花费留出，例如：真的没法再照顾自己时，住进养老院的首付和租金；或是在家请保姆看护的薪水；医疗费以及最后一程的花费。不过，就像我在前文中说过的，多有多的过法，少有少的过法，这个金额没有定数，纯粹只是为了老有所终和有尊严地老去罢了。

我相信很多同龄朋友虽然总是在嘴上唠叨将来指不上自己的孩子，但心里却又微微地希望能指得上自己的孩子，因此潜意识里并没有迫切地感受到必须为将来预做准备。另外也由于自己当下身体还很健康，手脚灵活，有工作能力和收入，也许高堂父母也仍然健在，所以也没有意识到为将来做财务规划的迫切性。对此，我自己则是在参加了一场小型的公司酒会后才得到启发的。

麦克是我们曾经代理的英国环保家居产品公司的仓库经理，每一年冬天我们都会趁着回英国过圣诞节时到他所服务的公司去谈谈明年订货的事。我记得那是2005年的冬天，我们到公司开会那天，正好碰上下班后麦克请大家喝酒，他买了几支香槟，还带来了太太烤的苹果派和蓝莓布丁。我们问麦克的老板他为什么请大家喝酒，是家里有什么喜事吗？麦克的老板说，哦！他这个月把所有的房贷都还清了，所以请大家喝酒庆祝一下！

原来这是许多英国工薪阶层的住房计划：结婚时，他们买一间最多只有两个房间的小公寓，几乎零首付，用夫妻一方的薪水交政府提供的首房低利贷款，用另一个人的薪水过日子，如果有余就存入银行；孩子长大到必须有自己的房间时，他们把小公寓卖掉，把所得的钱作为首付去买一间大房子，仍然是一方的薪水付贷款，另一方的薪水过日子；大约 20 年后，孩子都长大了，都离开家了，房贷也都完全还清了，辛苦工作一辈子的夫妻俩就把贷款已完全还清的大房子给卖了，用所得钱的一部分换个全款付清的、装修舒适精致的、不在城市里的两房公寓，剩下的钱存入银行或购买稳当的理财产品，然后就游山玩水快快乐乐地安享晚年了！

先生和我都很喜欢这个做法，也都受到了这个做法的启发和鼓舞，所以我们从 10 多年前才刚满 50 岁时，就开始认真地规划退休后的生活，虽然我们俩都还有起码 20 年以上的正常工作收入，但我们相信越早规划就越安全，越早规划将来也就越享福。因此，当我们面临已成年孩子可能发生的现实财务需求时，例如结婚、买车、买房、创业、孙子女出国读书等等，思考该拿出多少钱的标准就应该是“先保障我们的老后安全”，然后才据此做出合理的资助。

让孩子们有“常回家看看”的动机

人活到一定的岁数后，心里其实是雪亮的，对人情世故的理解也是很现实和透彻的。就拿我们自己对家里的长辈来说，如果家里的长辈总是在我们面前哭穷，每回前去看望时都明示暗示地跟我们伸手要钱，不堪其扰之下，我们回家去看看的动机一定会受到影响。如果此时没有血缘关系的配偶再对此有什么意见，那么他 / 她的态度就会让我们觉得难堪丢脸甚至引发冲突，因此在避免发生不愉快的情况下，能不回去就尽量不回去了。

这个道理放诸四海而皆准，是人性的自然反应，不是唱高调的用孝道来约束得了的深层心理动因，它会发生在我们身上，当然也就会发生在我们的孩子身上。因此，为了鼓励孩子，尤其是也有家庭负担的已婚孩子，有常回家来看望我们的动机，也为了替他们减少心理和情绪上的负担，我们必须要有钱（有多少不是重点，重点是能自由支配），而且要有大方请客吃饭、给孙子孙女买礼物给红包的钱。

在这里，请允许我坦率地说，人类是健忘而自私的物种，我们往往容易忘记从他人那里得到的恩惠，却念念不忘我们所施与他人的好处。所以蒋阿姨的女婿在得到岳父母全部卖房款的帮助时，那个当下的他绝对是感激涕零的，而且他也不是个存心要忘恩负义的坏人。但是，当日子久了，感激的心开始渐渐地褪色降温了，他所感受到的就会是每天新发生的事——老丈人有胃寒的老毛病，每隔一天就必须熬一服中药，弄得家里全是中药味儿；丈母娘节省舍不得丢东西，家里到处都堆着不会再使用的破烂和过期食品。本来这些不悦的感受他都忍了下来，顶多只是晚点回家减少擦枪走火的概率，可是当自己的母亲和岳母有了嫌隙之后，夹在三个女人中间的他，就再也无法隐藏和忍受心中长期的压抑了。

我自己也是母亲，也只有一个从小捧在手掌心里带大的宝贝儿子，我知道自己悉心教养的儿子是个懂事和孝顺的好孩子，我也知道家教良好的儿媳妇是个懂事和孝顺的好孩子，我没有怀疑他们的孝心，也相信在我们需要时他们一定会挺身承担责任。我只是理解当年轻人有了自己的家庭之后，他的精力重心必定会挪移到自己的小家庭上，他必须对有婚姻誓约的配偶全心全意，必须以创造配偶的福祉为首要责任，一旦有了孩子之后，他还必须承受随之而来的生活压力和经济重担，就像我们当年有了他时一样。所以，我不会天真地以为能期待他和没结婚前一样，当然就更不会天真地以为能占据他所有的注意力。

因此我未雨绸缪地尽量扼杀任何可能破坏我们关系的苗头，也有先见之明地尽量创造能促进我们正向关系的诱因，我们那看似“自私而权谋”的财务规划，其实不仅仅是为了让我们有个舒适的晚年，其实也是为了不在孩子的颈上套上绳索。我们的“有钱”释放了他，让他在没有太多心理负担和负罪感的情况下，更乐于亲近我们。

所以，我建议别倾尽所有一次性都给了孩子，要留下足够的钱和他们一起享受和增加美好的回忆。钱多，上大饭店、到国外旅游；钱少，吃小馆子、在国内旅行。总之，爷爷奶奶或姥爷姥姥花钱，不怕！

如果我们不疼惜自己，孩子也就不觉得需要疼惜我们

我们这一代人的父母，甚至也包含 20 世纪五六十年代出生的我们，大都有个相似之处，那就是曾经过过若干年的拮据日子，所以对钱有独特的敏锐感受，因而特别省吃俭用和爱惜东西。

曾经有个流传甚广的故事：孩子一直以为妈妈最爱吃鱼尾巴和鸡骨头，长大以后才理解原来那是妈妈把好吃的部位都留给了他，自己故意装作最喜欢吃鱼尾巴和鸡骨头。这个故事感动了很多人，但也很写实地说明了困苦年代的餐桌状况。可是很可惜的是，那个年代已经过去了，可许多妈妈的观念和做法却仍然停留在那个不富裕的年代。

我认识一位今年刚满 60 岁，生活和工作都克勤克俭，绝对可以获得最佳贤妻良母称号的女士。这位女士什么都好，可就是有个我完全无法认同的坏习惯，那就是她什么都舍不得——好不容易咬牙新买的衣服鞋子舍不得穿，得先仔细地收在柜子里，等过了一两年后再穿；新买的食物舍不得吃，非得等到快过期了才吃。所以她总是穿前两年流行的衣服，总是吃不够新鲜的食物，即使得到了某件好东西，她也总是把它好好地收着舍不得用。

她对自己的先生和孩子可不是这样。她尽一切的能力把

45 平方米的家收拾得干干净净，花所有的心思为先生和孩子烹煮好吃而营养的饭菜，虽然家境普通，但她从不让女儿感到匮乏。从女儿小时候开始，别人有的，女儿也一定会有；别人学的，女儿也一定去学。可是她对自己，却几乎永远处在“匮乏”的状态——不管是物质上的匮乏，还是心灵上的匮乏。而且最让我生气的是，这些让她匮乏的本意并不来源于她的先生和孩子，而是她自己一手造成的，而且正因为是她“自愿的”，久了以后，先生和孩子当然就顺理成章地认为她是“应该的”，而不会再多关注她的需要了。

我曾经问她，你对自己的任劳任怨心甘情愿吗？她说有时也会因没人心疼自己而委屈难过，但是，唉！别去想那么多，女人不都是这样吗，想多了也没有用，日子还是得照样过啊！

不，我就不允许自己这样过日子，也不允许我的先生和我的孩子认为我就应该这样过日子。我当然是个好妈妈，当然会把最好吃的东西留给孩子，会时刻关心孩子的需要并尽可能满足他。但这并不表示我就得漠视甚至牺牲自己的需求，如果有人从远方带回来一盒好吃的蛋糕，我会在它最新鲜的时候和先生孩子一起分享，我可能会选择比较小的那一块好好享用，但绝对不会只吃一点点甚至不吃，然后把它送进冰箱留给孩子吃。

您觉得我是个很爱吃和自私的母亲？如果我家的冰箱里只剩下最后一块可以让孩子果腹的蛋糕，是的，我这么做是很自私的。但今天大部分人家的情况不是这样的，不管贵或不贵，精致或不精致，大部分人家里的冰箱都是满的，餐桌上的食物也都是丰足的，因此并不存在你吃了，孩子就没有了的窘迫情况，所以为什么我们要刻薄自己呢？

而且事实上，根据我个人的经验，相信也是所有人的经验，任何一个孩子都希望看见父母的生活是宽裕而丰足的，如果我们生活得很舒心很滋润，孩子才能放心地工作，也才能毫无挂碍地专注在自己的生活责任上，这才是我们对宝贝孩子最好的赠予，也才是父母最重要的价值所在。再说了，吃饭总是比吃药省钱，不是吗？

生活精彩，赢得孩子的尊敬

儿子结婚前的某一个夏日夜晚，先生和我在台湾高雄的家中忙着写婚礼请柬。我们一面写着，一面聊着，不免想起儿子小时候的种种可爱时光。我们在感慨时光飞逝之余，也互相勉励今后就只有咱俩相依为命了。我们的可爱儿媳和儿子的成长背景很像，初高中和大学都是在加拿大念书，研究生则是在英国学习，所以也是个很有国际视野的孩子。我于是开玩笑地对先生说，咱俩可得与时俱进，永远保持和世界密切接轨呀！要不，咱见多识广的儿媳会嫌我们老土的。

我当然知道这是先生和我之间亲昵的玩笑话，也确信我们不会被知书达理的儿媳嫌弃，但我却真心相信这是我们今后必须要切实做到的事，而且不仅要尽力做到不被嫌弃，甚至还要做到被羡慕仰望的地步。

我有个工作上认识的女朋友，原来只是工作上的泛泛之交，但慢慢地因为投缘而成为好朋友。通过她的微信朋友圈，大家都知道她有一对特别爱玩、特别会生活的父母，她总是在朋友圈里转发妈妈趁着长假今天飞到了哪个国家，爸爸这会儿休年假又在哪个大山上背包健走，而且每次她转发这一家三口之间的往来图片和文字截屏时，都会语带骄傲地说：我爸妈真的是太搞笑了！而每次她发了朋友圈之后，也总会有那么一两个朋友在下面发表评论说：唉！要是我爸妈也这样就好了！

读到这里我们可能会想，这位朋友的父母一定很有钱，所以才能这么潇洒地到处旅行。为了更深入了解他们的实际情况，我特地和这位女儿约了下午茶聊聊，想知道她爸妈到处旅行的钱是怎么安排的。

这位今年 35 岁，已工作了超过 10 年，目前仍然单身的女孩告诉我，她爸妈的工资收入确实比一般工薪阶层要好一些，但也是按月领薪水的职工，而不是那种钱多得不得了的有钱生意人，而且她爸妈的旅行习惯是在她大学毕业、参加工作之后才突然爆发的。她说自己从参加工作领了第一份薪水开始，就没有再从父母手中拿过一分钱，即使第一年的薪水只够她在北京和另外两个女孩合租东五环外的居民楼，绝对拿得出钱来的父母也没有表示要资助她过好一些的日子。

在室内温暖如春、芳香四溢的下午茶餐厅中，我试图以资深心理治疗师善于捕捉情绪的眼光，从她喝茶吃点心时的眉宇间，观察她述说这些故事时的内心情绪。结果发现她不但没有愤懑和落寞，反而表情中还带着些淡淡的嘉许和骄傲。

她说母亲在她大学毕业那一天清楚地告诉她，从现在开始你要为自己的未来负所有的责任，要不要继续读研？到哪个城市工作？准备什么时候结婚？这些都是你自己要去做决定的事，我和你爸爸只能在旁边给你情绪上的支持，至于钱，我们必须留着给自己花了！

在母亲说了那番话 10 多年后的今天，这位女儿已经在外企做到了高管，自己租了一套位于北京 CBD 内、有门房管家的两房高级公寓，而她的父母也几乎利用所有的假期在国内外深度旅行。有时他们全家会约了在女儿出差到国内或国外的某一个城市里小聚几天，而每一次的聚会，她都会惊讶于父母的年轻活力和叹服于他们的丰富见识。

在这次下午茶聊天的最后，已经 35 岁，可是皮肤白皙、身材纤细一如少女的女儿语重心长地说，也许旁人会觉得她的爸妈有些自私和任性，但只有她自己知道父母给她的自由和信任是如此的珍贵，也只有她自己能亲身体会肩上的担子有多轻。这些年来，她一直以爸妈的见多识广为骄傲，也羡慕他们所拥有的多姿多彩的快意生活，而这些都不是她在同龄同事的父母身上能看到的。

她的心声让我想起了曾经和儿子间的一段谈话。那次是先生和我正在为圣诞节假期去葡萄牙度假订机票和酒店，我问当时也在北京家里的儿子要不要一起去，结果他摇摇头，很认真地回答我："这是你们这些成功人士才能享受的事。你们为自己赢得了这样的生活，至于我呢，我得努力挣钱等老了以后才能这么过。"从事业成就或金钱成就的角度来说，我们当然谈不上是成功人士，但我很开心的是，在儿子的心目中和定义中，他把爸爸和我都归类于"成功人士"的群组里，而这一点对任何父母来说，都是最有价值和最重要的成就。

50 岁以后，人生可以更自在

不知道从什么时候开始，我突然有了想抱孙子的念头。记得冒出这个念头没多久前，我还在为自己鬓角遮不住的白头发伤心，可是一转眼，我突然又不怕老，又跃跃欲试地想当奶奶了。据我的同龄朋友们说，她们也有过同样的心情，当孩子终于长大了，终于从学校毕业可以独立生活后，那种熬出头了的自由和欢喜，好像还没享受多久，就又开始“没出息地”怀念那种怀里搂着粉嫩嫩、香喷喷婴儿的美好感觉了。

我曾经以为这样的秘密心思只会发生在母性坚强的女人身上，后来我才发现，其实不然。从前先生和我出国旅行购物时，我们都只对有年头的老东西，或设计漂亮实用的家居用品有兴趣。可是近两年来，我们开始走进橱窗里摆着初生婴儿小缎子鞋、挂着可爱小婴儿服的婴幼儿用品店。起先，我只是试探性地问他：我们进去看看？可是没想到他不但没嗤之以鼻，还对我紧握手中不想放下的小物件表现出相同的兴趣，好几次甚至还怂恿我说：喜欢就买吧，反正以后也用得上！

有一天，我和老公聊起了这个话题，我问他是从什么时候开始想当爷爷的？个性向来腼腆内敛的他，没有正面回答我的问题，只是云淡风轻地说：这不是很自然而然的事情吗？！

是呀！这不是很自然而然的事情吗？！年轻时，我们忙于生活，在事业和家庭之间疲于奔命，面对孰轻孰重的取舍而两难。我们筋疲力尽，渴望安静，恨不得把黏在身边吵闹不休或喋喋不休的孩子用魔法棒封上他的嘴。可是有一天，当他从学校回来，那曾经喋喋不休的小嘴，果然被魔法棒封住，只留下一小片缝隙敷衍地蹦出“还行”这两个字时，我们想再找回那个天使般可爱又魔鬼般讨人嫌的跟屁虫，就已经是不可能的事了！

这个感受在我儿子上了大学，交了女朋友之后，更像晴空划过的闪电般击中我，逼使我无所遁逃，不得不迎面对视。

在还没有任何人占据他的注意力之前，儿子虽然长大了，但不管他愿不愿意，寒暑假的行程还是会很听话懂事地跟着我们的安排走。可一旦他有了更关注的人之后，我们就得考虑他的时间，协调一家三口都能一起出行的日程。这种感受五味杂陈，既为孩子终于长大了而高兴，也为和他在一起的时间越来越少而暗自忧伤。

2014 年初秋，我们的独子结婚了。我们习惯用了 30 年的数目字—— 一家“三”口，有了长进，成为更大的一家“四”口。

记得儿子告诉我们他有了心爱的女朋友时，我问：是她吗？儿子热切而激动地说：是她！她是让我有了结婚的念头、想要一起生活的女孩！

儿子的爸爸和我开始欢天喜地地为即将加入“第四口”而忙碌张罗。婚礼前几个月，我们无暇思考其他，只能感受心里饱胀的欢喜，可随着婚礼的脚步越来越近，我们心中渐渐浮起了幽微的失落感伤：啊！我们的宝贝儿子要结婚了，要有自己的家庭了，以后他再说“我家”的时候，指的会是自己的小家庭，而他成长了30年的家，现在已经变成“爸爸妈妈家”，或以后的“爷爷奶奶家”了！

我想起了哥哥结婚以后，妈妈常常感叹说：以前你哥发了薪水，大老远还没进家门就喊，老妈，我发薪水了！现在，他有了老婆，我就再也没听见他这么喊了。当时还没结婚的我，只要听见妈妈唠叨这事，就有点不耐烦地说：哎呀！反正您也从来没拿过他的薪水，他喊谁不都是一样吗？！现在，我明白了，薪水不是关键，喊谁才是让妈妈心里空荡荡的关键啊！

感恩的是，随着儿子的婚礼越近，先生和我之间的感情也越紧密。我们知道，尽管儿子和儿媳都是知书达理、懂事孝顺的好孩子，但今后我们必须自我克制，必须不成为他们生活上以及精神上的阻碍。我们俩得互相照顾，相依为命，因为无论我们有多么不舍，“我家”最后都势必只有我们两个成员，如果我们不善罢甘休，那么孩子将会背负着身心的重担，而这是我们无论如何都不舍得加诸如此深爱的儿子身上的。

我们正视并接受了这个无法回避的现实，并开始认真地规划我们的老后生活。我们重新安排了各自原本都繁重的工作，空出时间来确保一年至少能到国外深度旅行两次；我们规划了退休后的财务安排，寻求更能保障我们老后的舒适生活和将来需要医疗和长期照护的费用；我们和也处在同样生涯阶段的老朋友们更密切地聚会，因为他们有可能是我们退休后的出游伙伴，同时也能感同身受我们此时的心情。

2014 年圣诞夜，我在英国伦敦的家中从儿子的书架上随便抽出了一本他高中时期修读的课本，翻到了希腊神话故事《西西弗斯》那一篇。

希腊神话中，有一位自身充满了悲剧的国王——西西弗斯。西西弗斯得罪众神，众神想用最严厉的刑罚处罚他，于是就命他把一块大石头从山下往山上推，可当他好不容易快将大石头推到山顶时，众神又让大石头从他的手中松落，滚到山下，让他再次从山底往上推。于是，他只能日复一日、年复一年徒劳无功地一直把大石头往山上推。

这让我想起：多年前，刚上高中一年级的我，初次读到这则悲惨的神话故事，是在加缪的文章里。加缪用这个故事来说明生命的荒谬和了无意义，因此认为自杀是摆脱它的唯一途径。那时自以为已参透生命意义的我，虽然没起过自杀的念头，但确实因为受到加缪悲观主义的影响而荒废了好长时间的学习。

如今，早已年过半百的我再看《西西弗斯》，除了认同从某种程度而言我们每个人都是可怜的西西弗斯——我们每天晚上清洁厨房，隔天早上吃完饭后，它又是一片狼藉；每天早上铺好被褥，当天晚上又得把它全部打开。可是，我们的日复一日虽然看似徒劳，但却在这些重复的过程中收获了快乐。我们也许得重新收拾厨房，但却享受了和家人一同早餐的乐趣；也许得再叠一次棉被，可却已经有了恢复身心的好睡眠……我们不是西西弗斯，不是孤独一人在风霜雨雪中独自徒劳，我们有亲爱的家人和朋友，即使日复一日，也是在享受生命的点滴进程。

而且，已经历数十年世事的我们，早已对命运了然于胸，也早已知道生命和生活的真相，因此我们知道日子虽然是一连串的周而复始，但在这周而复始中最珍贵的是，我们踏实坦然并举重若轻地活着，而这随心所欲的“自在”，才是幸福圆满最终极的状态。

因此圣诞节的那天晚上，当儿子穿着围裙从冒着烟的厨房探出头来大喊：“开饭了！”我看见美丽可爱的儿媳在餐桌前忙碌地摆放碗筷，看见满面红光的先生正开心地打开红酒瓶塞，而专责收拾厨房的我，知道几个小时前才收拾光洁的厨房现在一定又一塌糊涂，但我仍然幸福满溢、微微湿润着眼走向餐桌，因为我知道日子即使不尽完满，但如果我决定要以开心而释怀的心情来接受它，它就一定会以绝对的自由自在来回报我！

后记 优雅，是唯一不会褪色的美丽

"人之所以为人，是必须充满精力，自我悔改，自我反省，自我成长；并非向人抱怨；……在年老之后，你会发现自己的双手能解决很多难题，一只手用来帮助自己，另一只用来帮助别人。"

——奥黛丽·赫本

（1904—1991）

奥黛丽·赫本
——美丽与“良善”兼具的优雅

我一直相信，奥黛丽·赫本的美丽是无法超越的，她的美丽带着神性，是那种你没法嫉妒或兴起任何负面情绪的高度，你不会妄想和她一样美丽甚至和她比较，只会想仰慕她和学习她，哪怕只是几百分之一都好。

她的容貌留给世人两个经典印象。一个是她

在《罗马假日》里的清丽无瑕；一个是她怀里抱着饥饿的非洲孩子时的慈善和蔼。在《罗马假日》里，她的双眼明亮清澈，皮肤光洁紧致得像完美的雕像；在非洲的难民营里，她的双眼依然明亮清澈，但完全不施脂粉的脸上已显著地有了岁月的痕迹。可是，向来尖酸刻薄、火眼金睛的媒体和八卦杂志从来没在这件事上有任何着墨，他们不提美人迟暮，只安静地传诵她的经典语录，并以景仰的心情记录着她的每一个慈善足迹。

其实，奥黛丽·赫本的良善，并不是在晚年成为联合国儿童基金会亲善大使后才拥有的美好。早在她年轻貌美、演艺事业如日中天时，任何和她一同工作过的伙伴都夸她是个“心地善良、有礼貌、有教养”的好女孩，而且，她敬业认真、坚定专注的生活和工作态度，也是她获得如此巨大成功的原因。为她写传记的记者说，只要和人约了谈工作，或哪怕只是和朋友约了喝茶，她都会提前一些到达，在约定的地点附近等候，然后准时赴约。（奥黛丽·赫本说：从小，母亲就教导我，提前或迟到赴约都是不礼貌的！）这一点也是我向来坚守的习惯，因此深得我的共鸣。

奥黛丽·赫本让我如此崇拜心仪的理由很多很多，但最让我感动和真心效法的是，她丝毫不在意自己晚年时容颜老去。作为全世界影迷崇拜的好莱坞巨星，她很容易，也大可以和伊丽莎白·泰勒等人一样，用各种医疗美容手术来留住青春，但是她却自信而坦然地面对岁月，用极度优雅的气质、仁慈善良的心，以及如深潭般丰厚的内在，震慑住每一个凝视她的人。

“若要优美的嘴唇，就要讲亲切的话；若要可爱的眼睛，就要看到别人的好处；若要苗条的身材，就要把你的食物分享给饥饿的人；若要美丽的秀发，在于每天有孩子的手指穿过它；若要优雅的姿态，走路时要记住行人不止你一个。人之所以为人，是必须充满精力，自我悔改，自我反省，自我成长；并非向人抱怨；当你需要帮助的时候，你可以求助于自己的双手；在年老之后，你会发现自己的双手能解决很多难题，一只手用来帮助自己，另一只用来帮助别人。”

——奥黛丽·赫本

55 岁生日时，儿子送了我一整套奥黛丽·赫本的电影原版专辑。他知道容貌远不及奥黛丽·赫本万分之一的母亲，有着一颗向往优雅的心和愿意与人为善的灵魂。因此，我欣然收下这份美好的生日礼物，并且暗自发誓，要继续往不褪色的美丽迈进。

格蕾丝·凯利
——美丽与“教养”兼具的优雅

摩纳哥王妃格蕾丝·凯利当然是极为美丽优雅的，只是我一直思索该如何为她的优雅归结出一个更鲜明的属性：在先天条件上，她明眸皓齿，纤细美丽；在待人处事上，她知书达理，谦和有礼；在演艺事业上，她才华横溢，勤恳认真；在身为公众人物的榜样责任上，她悲天悯人，慈善为怀；而身为世界上小而富有的国家摩纳哥的王妃，她隐忍坚强而有智慧。

因此，我思索再三，决定只用一个词来概括她的美好——教养。是的，这一切的特质都源于良好的教养，她是一位兼具美丽与教养的优雅典范。（相较于现在网络上最流行并几近泛滥的词——“任性”，一个拥有良好教养的女子是多么珍贵的瑰宝啊！）

对于一个出身自发表美国《独立宣言》的费城的百万富豪家庭的女孩来说，古老而保守的摩纳哥王室，绝对是一个足可以让人窒息的地方；而作为起初被摩纳哥王室成员、内阁大臣、宫廷仆佣甚至普通国民都不太待见的王妃，更是一件让年纪轻轻就荣获奥斯卡最佳女主角的巨星备感窒息的事。所以，当深情而富有的王子终于娶得美丽的公主、两人坐上缀满鲜花的高大四轮白马车离开教堂时，没有人看好这桩婚姻，更何况那时的摩纳哥还笼罩在法国戴高乐政权的恶意威胁之下。

可是有教养的格蕾丝·凯利熬了过来。她没有像其他平民灰姑娘嫁入森严的皇室之后那样被抑郁症所苦，即使有，她也熬了过来。就连她的先生，摩纳哥亲王雷尼尔三世都说：我们度蜜月回来之后，她开始了一段艰辛的生活，然而令人吃惊的是，她能够坦然地面对这种艰辛。（也许读到这里，有朋友会更愿意用“坚强”来形容她，我不反对，但我更相信她的坚强是来自对自己身负责任的认识，而为自己的选择负责和高度的自我克制，不就是教养最高层次的体现吗？）

格蕾丝·凯利为雷尼尔三世所做的，还不仅仅只是不在人前做个让王室难堪的深宫怨妇而已。她积极投身于慈善事业，重新振兴摩纳哥的红十字会，在她的主导下，这个小公国几近破碎的医疗系统得到了重建，并且建起了堪称一流的医院，而她自己也一直坚持母乳哺育，还成为国际母乳协会的代表。（如果对照现在的年轻人怕身材变形而毫无理由地选择剖腹生产，贵为奥斯卡金像奖得主的格蕾丝·凯利应该能被授予一个“最大牺牲奉献奖”了！）

格蕾丝·凯利生前最后一次接受记者采访时，对记者的问题“你希望以什么样的方式被世人铭记”时，她回答说：“我希望世人在想起我的时候，能记得我的善良和忠诚，并且总是不求回报地对别人给予帮助。那么我就可以骄傲地说，我此生没有虚度。”我想，她绝对是做到了！

可可·香奈儿
——美丽与“勇敢”兼具的优雅

和奥黛丽·赫本或格蕾丝·凯利比起来，可可·香奈儿完全没有成为优雅典范的先天条件。

奥黛丽·赫本的母亲是荷兰贵族；格蕾丝·凯利的父亲是费城富商，舅舅则是得过普利策奖的著名剧作家。可可·香奈儿呢？她 12 岁就失去了母亲，不负责任、以流动小卖部为生的父亲把她和妹妹丢给姨妈抚养，最后她被送进了修道院学裁缝。美丽而风情万种的她，被金屋藏娇过，也当过有权势人的情妇，她成天烟不离手，一生的挚爱死于背着老婆从伦敦赶来巴黎会她的一场车祸……

可可·香奈儿不仅没有成为优雅典范的先天条件，后天的做派也和淑女背道而驰，可是她的工作室里云集了公主殿下和伯爵夫人，所设计的时装是众多名媛淑女的最爱，她那瓶无法超越的“香奈儿 5 号”香水今天仍长居各大香水排行榜的顶端。她曾经被时尚评论家和公司的投资者抛弃，但不服输的个性却越挫越勇，最终成就了自己无可撼动的时尚帝国，而且时至今日，仍然是全世界各地高档商场亟欲拉拢的对象，因为对商场来说，只要有了香奈儿进驻，就足以彰显其时尚和奢华地位。

在 20 世纪初那个女人必须完全依靠男人给予的社会（好命的女孩出生在父亲有钱有地位的家

庭，或扭转命运嫁给有钱有地位的老公），可可·香奈儿得拥有多大的勇气和自信，才能扛住自己出身卑微的宿命和那些原来看不起她的贵族富家女的冷眼嘲笑？而她在自己完全无法选择的宿命面前，又需要有多大的智慧和才情，才能将一切的不可能变成可能？

在一次采访中，她对记者说了两句至今仍被广为提及的名言——“我的生活不曾取悦我，所以我创造自己的生活”“与其在意别人的背弃和不善，不如经营自己的尊严和美好”。这是多么大气的思维，多么慷慨的胸襟？尤其是她起而行去创造自己的生活，而不是束手就擒或光坐在那里哭哭啼啼地自怨自艾。

当然，大开大合的可可·香奈儿也有被人诟病的缺点。她行事独断专横，快人快语甚至言辞刻薄，丝毫没有淑女该有的婉转温柔。但她个性鲜明，待人接物毫不做作，痛恨虚伪和矫情，而且，和她同一个时期的服装设计师们都说，她对同行以礼相待、对前辈尊敬有加，是个真性情、有分寸、讲原则的女中豪杰。

如果二三十年前，我有机会讲述自己心目中的优雅女性，可可·香奈儿可能不会名列其中。可是在经过岁月、明白世事之后的今天，我对“优雅”已然有了更成熟的理解，我相信优雅可以是精致高贵的气质，可以是从容自若的娴静，可以是有节有度的文雅，当然也可以是自信勇敢的泰然和真实无华的率真，而可可·香奈儿就是用她的智慧和勇敢，以及真实得可信、真实得可亲，也真实得可敬，来为我们示范了她的优雅。

杨绛

——美丽与“智慧”兼具的优雅

“一百年过去了，岁月的风尘却难掩她的风华。多年前，钱锺书便给了她一个最高的评价‘最贤的妻，最才的女’，现在，她是这个喧嚣躁动的时代一个温润的慰藉，让人看到，‘活着真有希望，可以那么好’。”这段话是我从网上撷取的，很喜欢，不想改写，于是就一字不改地抄录了下来。

很多人知道杨绛先生是因为她有个更有名气的老公钱锺书，而钱锺书的《围城》又是中国现代文学史上最有趣，也是含义最丰富的一部小说，不但书里有很多饶富兴味的句子不断地被拿出来引用，由这部长篇巨著所改编的同名电视剧，也更让它被国内的观众所熟知。但是，根据钱锺书先生自己的话说，《围城》里的名句——“围在城里的人想逃出来，城外的人想冲进去。对婚姻也罢，职业也罢。人生的愿望大都如此”，实际上就出自杨绛之手，可见她才是最懂得《围城》而且是深谙生命哲理的人。

根据杨绛先生的著作《我们仨》里对日常生活文章的描述，钱锺书虽然是满腹诗书的大才子，但在生活上却出奇地无能，因此杨绛几乎揽下生活里的一切杂事，做饭制衣，翻墙爬窗，无所不能。各种钱先生闯出来的祸，事后都能得到杨绛的巧手解难，因此，杨绛的“不要紧”伴随了钱锺书的一生。钱老夫人就人前人后赞叹这位儿媳：“笔杆摇得，锅铲握得，在家什么粗活都干，真是上得厅堂，下得厨房，入水能游，出水能跳，锺书痴人有痴福！”

是的，如果我们以为杨绛先生是因为必须依靠老公生活，所以才如此贤惠，那就大错而特错了。求学时老师给杨绛的批语是“仙童好静”，中英文俱佳的她是班上的笔杆子，她还喜欢音乐，能弹月琴，善吹箫，工昆曲。大学期间，自修法文，最后学了一口流利而典雅的法语，甚至还翻译了一部 47 万字的法国名著……

钱先生去世后，她以全家人的名义，把高达 800 多万元的稿费和版税全部捐赠给母校清华大学，设立了“好读书”奖学金。她注意养生，严格控制饮食，每天用大棒骨熬汤煮黑木耳来保持骨骼硬朗。她每日早上散步、做大雁功，时常徘徊树下，低吟浅咏，呼吸新鲜空气。高龄后，每天在家里慢走 7000 步，直到 100 岁还能弯腰手碰到地面，腿脚也很灵活……

杨绛先生是我心目中的“女神”。请原谅我用这个被网络上用来崇拜美女明星的形容词来形容杨先生在我心目中的地位。但是她确实是我心目中集美丽、优雅、才情、柔韧、皎洁、忠诚、沉稳、宁静、淡泊、智慧……于一身，如神祇般的完美女性典范。为了爱人，她心悦诚服地选择了缓慢自己发亮发光的速度；为了自己，她聪慧进取持续学习，厚积薄发，丝毫没浪费天赋；面对羞辱，她傲然迎接，绝不低头；面对险阻，她化折磨为磨砺，甚至完成了自己翻译生涯的巅峰之作……

我不知道该如何继续书写这样的奇特女子，也不知道该如何用有限的形容词来描述我对她的景仰崇敬，只能以钱锺书先生在自己的著作上，为妻子写下的情话“赠予杨季康，绝无仅有的结合了各不相容的三者：妻子、情人、朋友”，来表达我最极致的羡慕和追求——美丽与“智慧”兼具的优雅。

林青霞
——美丽与“大器”兼具的优雅

我只看过一部林青霞主演的电影《滚滚红尘》，是林青霞、秦汉以及张曼玉主演的。我没看过她演的其他电影，并不是因为我不喜欢她，而是因为1973年她出道演第一部电影《窗外》时，我刚上高中一年级，家里不允许、我也没零用钱去电影院看电影。等上了大学，迷上看电影学英语的我，又把有限的零用钱花在好莱坞的大片上，所以就一直和林青霞的电影擦肩而过。

可是，她却是屡屡出现在我幻想中的女主角形象代言人。我升小学6年级的那年夏天，在台北的外婆家过暑假，宠溺外孙女的外婆没太管我们看什么闲书，所以我用了一个下午的时间，看完了厚厚的一整本《几度夕阳红》，头昏脑涨懵懵懂懂地对爱情有了最初的印象，并且在之后的几年间继续偷看姐姐买的琼瑶小说，把自己幻想为琼瑶小说里如梦似幻的女主角，被高大英俊、温柔多金的男主角炙热地追求着、爱着。

林青霞的荧幕造型，几乎主导了我们大学宿舍里女生的穿衣风格。不管发质或身材适不适合，我们各个都留着披肩长发，穿着飘逸长裙，在夏天雾霭轻柔、冬天山风呼啸的校园里“飘来飘去”。而我们那些愣头愣脑，还没弄明白怎么回事就被误植为秦汉、秦祥林的男友，也必须忍耐和承受女友莫名其妙的情绪变化，只因为他没像小说或电影里的秦汉或秦祥林那样深情款款地看着林青霞那样看着女友。

林青霞的美，没让我们觉得受到侵犯或产生自卑和嫉妒，因为她的美太不可思议，太不真实，像神祇般地离我们太遥远，只能仰慕，不能匹敌。台湾的娱乐记者和媒体似乎也有同样的心情，因此对她的报道除了众所周知的情殇之外，几乎没有人品上或专业上的负面报道。

2014 年，被誉为几代人偶像的林青霞，高调地过了她的 60 岁生日，而她也以作家的身份“复出”在媒体和大众面前。由于我自己也将在 2017 年迈入 60 岁耳顺之年，因此就特别留意林青霞在她的新书发布会和生日宴会上的照片，好让自己继续模仿从情窦初开时就爱慕仰望的神祇。

她没有让我失望，没有在自己的脸上、身上胡乱地（或绝望地）做些什么来留住青春。她有些微发福，脸上也隐约地出现了细纹，但她仍然是如此美丽，如此优雅，好像一颗闪亮的星，尽管岁月更迭，却丝毫掩盖不了她的光芒。导演徐克称她的美带着高贵和英气，甚至比男人还英俊。我觉得这个赞誉实在太妥帖到位，倒不是因为她长得像男人，而是因为她雍容大度，器宇轩昂，既能容许岁月，也能笑看岁月。

我期待70岁时的林青霞继续为我示范，女人70岁时，能以什么样的优雅来传递自己永不褪色的美丽！

《优雅是一种选择》(珍藏版)

徐俐/著

《中国新闻》资深主播的人生随笔。

一种可触的美好，一种诗意的栖息。

《像爱奢侈品一样爱自己》(珍藏版)

徐巍/著

时尚主编写给女孩的心灵硫酸。

与冯唐、蔡康永、张德芬、廖一梅、张艾嘉等

深度对话，分享爱情观、人生观！

《时尚简史》

[法] 多米尼克·古维烈 /著　治棋 /译

流行趋势研究专家精彩“爆料”。

一本有趣的时尚传记，一本关于审美潮流

与女性独立的回顾与思考之书。

《点亮巴黎的女人们》

[澳]露辛达·霍德夫斯/著　祁怡玮/译

她们活在几百年前，也活在当下。

走近她们，在非凡的自由、爱与欢愉中点亮自己。

阅美文化 悦读阅美 · 生活更美

好书推荐

《精油全书（珍藏版）——30年芳疗经验集成》

金韵蓉/著

跟随大师引领，探索精油世界，事半功倍。

达人从容进阶，新人快速上手。

《选对色彩穿对衣（珍藏版）》

王静/著

“自然光色彩工具”发明人为中国女性

量身打造的色彩搭配系统。

赠便携式测色建议卡+搭配色相环。

《识对体形穿对衣（珍藏版）》

王静/著

“形象平衡理论”创始人为中国女性

量身定制的专业扮美公开课。

体形不是问题，会穿才是王道。

形象顾问人手一册的置装宝典。

《围所欲围（升级版）》

李昀/著

掌握最柔软的时尚利器，

用丝巾打造你的独特魅力；

形象管理大师化平凡无奇为优雅时尚的丝巾美学。

《优雅与质感1——熟龄女人的穿衣圣经》

[日]石田纯子/著 宋佳静/译

时尚设计师30多年从业经验凝结，
不受年龄限制的穿衣法则，
从廓形、色彩、款式到搭配，穿出优雅与质感。

《优雅与质感2——熟龄女人的穿衣显瘦时尚法则》

[日]石田纯子/著 宋佳静/译

扬长避短的石田穿搭造型技巧，
突出自身的优点、协调整体搭配，
穿衣显瘦秘诀大公开，穿出年轻和自信。

《优雅与质感3——让熟龄女人的日常穿搭更时尚》

[日]石田纯子/著 千太阳/译

衣柜不用多大，衣服不用多买，
现学现搭，用基本款&常见款穿出别样风采，
日常装扮也能常变常新，品位一流。

《优雅与质感4——熟龄女人的风格着装》

[日]石田纯子/著 千太阳/译

43件经典单品+创意组合，
帮你建立自己的着装风格，
助你衣品进阶。

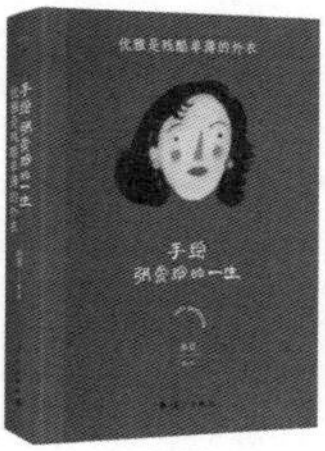

《手绘张爱玲的一生——优雅是残酷单薄的外衣》

画眉/著&绘

在我们的人生树底处
盘几须张爱玲的根是幸运的，
她引领我们的灵魂过了铁，而仍保有舒花展叶的温度。

《手绘三毛的一生——在全世界寻找爱》

画眉/著&绘

倘若每个人都是一种颜色，
三毛绝对是至浓重彩的那种，但凡沾染，终生不去。

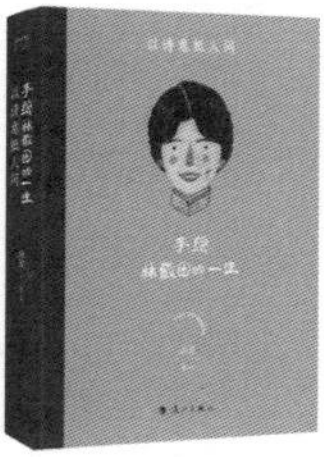

《手绘林徽因的一生——以诗意抵人间》

画眉/著&绘

在她一生留下的众多优美诗作中，
最激昂人心，又最令人低回不已的那一首，是她自己。

《手绘萧红的一生——在没有路的地方行走》

画眉/著&绘

她给出的喜是天地初始的喜，
给出的疼是天塌地陷的疼。
有人在迷途时会参观ICU病房，有人在困顿时会读萧红。

好书推荐

《影梅庵忆语》

〔清〕冒襄/著　半枝半影/译注&解读

“忆语体”文学开山之作，亦代表其最高水准。
冒襄深情追忆亡妾董小宛，原文全本权威点校，
优美今译，零障碍注释，解读抽丝剥茧，
“全景再现式”体味读透原文的快感。

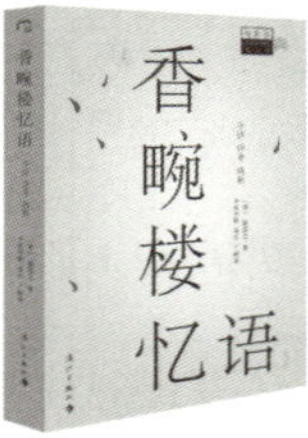

《<香畹楼忆语> 今译 详考 精解》

〔清〕陈裴之/著　半枝半影/译注&解读

中国古代“忆语体”文学的经典之作。
陈裴之悼念亡妾王子兰之作，原文全本权威点校，
优美今译，零障碍注释，解读抽丝剥茧，
“全景再现式”体味读透原文的快感。

《与茶说》

半枝半影/著

茶入世情间，一壶得真趣。
这是一本关于茶的小书，
也是茶与中国人的对话。

《茶修》

王琼/著

中国茶里的修行之道，

借茶修为，以茶养德。

在一杯茶中构建生活的仪式感，

修成具有幸福能力的人。

《不知有花——山木野草的四时之态》

徐文治/著

中国传统插花研究学者

精选5年间99件作品，

重现瓶花百态。

《玉见——我的古玉收藏日记》

唐秋/著　石剑/摄影

享受一段与玉结缘的悦读时光，

遇见一种温润如玉的美好人生。

图书在版编目(CIP)数据

女人50⁺：50⁺女人的心灵能量 / 金韵蓉著. -- 桂林：漓江出版社, 2021.9（2025.6重印）
ISBN 978-7-5407-9086-8

Ⅰ. ①女… Ⅱ. ①金… Ⅲ. ①女性－人生哲学－通俗读物 Ⅳ. ①B821-49

中国版本图书馆CIP数据核字(2021)第082471号

女人50⁺：50⁺女人的心灵能量
NÜREN 50⁺：50⁺ NÜREN DE XINLING NENGLIANG

作　　者：金韵蓉

出 版 人：梁　志
策划编辑：符红霞　　责任编辑：符红霞　赵卫平
封面设计：U-BOOK　　内文设计：夏天工作室
责任监印：黄菲菲

出版发行：漓江出版社有限公司
社　　址：广西桂林市南环路22号
邮　　编：541002
发行电话：010-85891290　　0773-2582200
邮购热线：0773-2582200
网　　址：www.lijiangbooks.com
微信公众号：lijiangpress

印　　制：北京博海升彩色印刷有限公司
开　　本：880 mm × 1230 mm　1/32
印　　张：11
字　　数：160千字
版　　次：2021年9月第1版
印　　次：2025年6月第3次印刷
书　　号：ISBN 978-7-5407-9086-8
定　　价：58.00元

女性生活时尚阅读品牌

□ 宁静　□ 丰富　□ 独立　□ 光彩照人　□ 慢养育

阅美
文化

悦 读 阅 美 · 生 活 更 美